孙郡锴 编著

XIUJIAN SHENGMING
DE HUANGWU
ZOUCHU ZUI FANHUA
DE FENGJING

修剪生命的荒芜／走出最繁华的风景

中国华侨出版社

图书在版编目（CIP）数据

修剪生命的荒芜，走出最繁华的风景 / 孙郡锴编著．—北京：中国华侨出版社，2016.4

ISBN 978-7-5113-6021-2

Ⅰ．①修… Ⅱ．①孙… Ⅲ．①成功心理－通俗读物 Ⅳ．①B848.4-49

中国版本图书馆CIP数据核字（2016）第064320号

● 修剪生命的荒芜，走出最繁华的风景

编 著 / 孙郡锴
责任编辑 / 文 喆
责任校对 / 高晓华
封面设计 / 天之赋工作室
经 销 / 新华书店
开 本 / 710毫米×1000毫米 1/16 印张 / 16 字数 / 223千字
印 刷 / 北京一鑫印务有限责任公司
版 次 / 2016年6月第1版 2019年8月第2次印刷
书 号 / ISBN 978-7-5113-6021-2
定 价 / 32.00元

中国华侨出版社 北京市朝阳区静安里26号通成达大厦3层 邮编100028
法律顾问：陈鹰律师事务所
编辑部：（010）64443056 64443979
发行部：（010）64443051 传真：64439708
网 址：www.oveaschin.com
E-mail：oveaschin@sina.com

前 言

难以言说的人情冷暖，生活里的酸甜苦辣，事业上的辛酸与疲惫，常让我们感觉自己的人生就是一片荒漠。然而，无论如何你不能放弃努力，因为一旦放弃，人生也就真的成了戈壁。纵使人生荒芜，也要内心繁华，给生活添上几道亮丽的色彩。生命真正的绽放，是在荒芜的境地里，找到繁华的所在。

人要有一颗大心，才能盛得下喜怒，装得了荣辱，输得出力量。

我们的生活，存在无数未知的风险，这是一个残酷且不可避免的事实，但乌云不会永远笼罩阳光，你得知道自己活着，痛着，并且成长着。

每个人真正强大起来，都要经过一段没人帮忙、没人支持的日子。所有事情都是自己一个人支撑，所有情绪都是只有自己知道。但你必须为自己负责，只要咬着牙挺过去，一切就会大不一样。无论你有多大的委屈，无论你感到多么痛苦，坚持住，就过去了，从此，处处都是门。而我们也许会因此瞬间长大，有勇气站起来，带着一份美好，

远离荒芜，走向繁华。

　　在此之前，你必须学会温暖自己。你要懂得开导自己，在难过的时候，给自己安慰，在哭泣的时候，为自己擦干眼泪；你要懂得鼓励自己，学会独立，告别依赖，对软弱的自己说再见；你要懂得让自己平静下来，要懂得让自己快乐起来、坚强起来……所有的懂得汇聚在一起就成了繁花盛开的绿洲。即使白天在外遭受荒漠黄沙的冲击，也能在夜晚享受绿洲的抚慰，为第二天的奋斗积蓄充沛的力量。到那时，你定会看见最坚强的自己，只要你愿意，我们每时每刻都能感受到来自生命那充满爆发的张力。

　　我们可以，让痛苦、寂寞、疲倦和深沉的自卑赐予我们一次痛彻心扉的哭泣，然而哭过之后，你必须鼓励自己去努力，也许这一次撕心裂肺的痛苦过后，就是我们的涅槃重生，从此处处通达。

　　所以，纵使人生荒芜，也要内心繁华。某一天，你我暮年，闲坐庭前，观花开，看云游，笑谈此生浮沉。百年一眼，相对一笑，姹紫嫣红早已看遍，再无遗憾。

目 录

篇一
一个人，一个梦，往下走，别停留

第一章　如果没有梦想，人生该是何等荒凉

为实现自我价值而活着 / 2

趁着年轻，去勇敢追求梦想 / 5

没有目标的人生，很容易迷失方向 / 8

没有信念的生活，只有数不尽的荒凉 / 10

只要有心，谁的青春都可以绽放异彩 / 13

敢于带着梦想上路，才能逆转命运的残酷 / 17

从现在开始，你要给人生做一个大策划 / 20

第二章　你能过得更好，只是你现在还不知道

生活的困顿，往往受困于心理的高度 / 23

不当井底之蛙，学着开阔自己的眼界 / 25

只要敢于尝试，成功就不会遥不可及 / 29

你现在还没有成功，是因为你的定位不对 / 31

如果你愿意改变自己，眼前就是新的天地 / 33

第三章　只要你肯努力，这个世界终会给你回报

上帝给予人天分，勤奋将天分变为天才 / 36

一个人不必天生强悍，须知道勤能补拙 / 38

如果你愿意努力，好运也愿意眷顾你 / 40

想成为第一流的人，就去做第一流的努力 / 44

第四章　坚持着，走下去，别在快要成功的时候选择逃离

别人越泼冷水，自己越要信心十足 / 47

既然目标选择地平线，留给世界的只应是背影 / 49

篇二
此心不惊不乱，自然自在安详

第一章　无须羡慕，不必忌妒

在赢得整个世界之前，请先爱上自己 / 56

既要承担生命责任，也要学会为自己而活 / 58

生活的山青水秀，需要一种维护本真的心境 / 60

摘下厚重的面具，别让生活过度戏装化 / 62

第二章　你的名字不是卑微，所以不要把头低垂

人们不太看重自己的力量，这就是他们软弱的原因 / 65
只有使自卑的心自信起来，弯曲的身子才能挺直 / 67
别人怎么看待你，取决于你以什么样的方式看自己 / 70
在别人都不看重你的时候，你更应该看重你自己 / 72
伟大的追求，成就伟大的人生 / 74

第三章　别太苛刻，接纳不完美的自己

只有接受自己的不足，才算真正接受了自己 / 77
如果事实不能更改，就让事实变成你喜欢的样子 / 79
坦然接受不完美的自己，生命会因此变得美丽 / 82
把缺陷变成动力，人生会有不一样的改变 / 85

第四章　把生命交给自己，你才是自己的主人

不要让任何人替你做主 / 88
你无法让所有人满意，所以不必为此付出太多精力 / 91
活着是为了做更好的自己 / 93
不要为了证明自己，而去企求别人 / 95
若有人试图影响你的决定，你完全可以不屑一顾 / 96

篇三
在痛苦的深处微笑，你要变得坚强

第一章　活着，痛着，成长着，才是人生

　　从幼稚发展到成熟，是人生必经的痛苦 / 100

　　与苦难对抗的过程，催生了生命的繁荣 / 103

　　我们能够承受的痛苦程度，其实远比想象的大 / 105

　　忍别人不能忍的痛，才能得到别人得不到的收获 / 108

第二章　强者不是没有眼泪，而是含着眼泪继续奔跑

　　心中埋下种子，必有收获果实的那一天 / 111

　　不向命运低头，才有征服命运的可能 / 113

　　在痛苦的深处微笑，你就是自己的英雄 / 116

　　上帝终会伸出手指，为你在逆境中的坚守点赞 / 118

第三章　换个角度看困难，人生没有过不去的坎儿

　　每一道伤口，在醒悟之后，都会变成拥有 / 121

　　在你痛不欲生的时候，试着换个角度看人生 / 124

　　不幸就像一把刀，可以把我们割伤，也可以为我所用 / 126

经得起生活的折磨，你就能赢得不一样的生活 / 128
转念一想，幸福原来无时不有，无处不在 / 129

第四章　就算这世界再冷，你也要成为自己的太阳

当灵魂迷失在苍凉天地，还有坚强可以拯救自己 / 133
纵然生命无法掌握，但快乐依然可以由自己主宰 / 136
若你觉得生活极不公平，就去创造属于自己的公平 / 139
如果你怕苦，就把生活的苦包进内心的糖里 / 142

篇四
告别过去那个不争气的自己，你的未来不是梦

第一章　一辈子随波逐流，你不会知道成功的道路在哪里

想得到自己的成功，就不能一直跟在别人后面 / 146
为你的立场站岗，任何时候都不能没有主见 / 149
只知道服从命令的人，永远做不了自己的将军 / 152
活在别人的意愿里，自己的世界又在哪里 / 156
一味地迁就别人，就是对自己的不尊重 / 158
不怀疑不能见真理 / 160

第二章 从恐惧的阴影里走出来，你的生命需要胆量去张扬

万无一失意味着止步不前，那才是最大的危险 / 163

人生需要勇敢尝试，机遇与风险随时相伴 / 166

你现在看到的风险，也许正是实现梦想的转机 / 169

思来想去不决断，一辈子找不到最好的答案 / 173

现在若能朝前迈一步，日后就能跨越一大步 / 174

当我们进入未知领域时，头顶或是更蓝的天空 / 177

第三章 把责任扛在肩上，逃避只会给人生留下败笔

永远不要逃避，你的每一步都关系到最后的结局 / 180

如果你推卸责任，谁还会把重任交托给你 / 183

抛开借口，你就该为自己所做的事情负责 / 185

勇于担当大任，脚下的路会越走越宽 / 187

活成一棵树，因为你还是别人的依靠 / 189

第四章 活着就要学习，学习是为了更好地活着

现代竞争的激烈，要求你必须不断学习 / 192

树立"终身学习"的观念，已经是时代的呼唤 / 194

积累知识，就是在积累成功的资本 / 197

你之前所失去的学习机会，现在一定要找回来 / 200

篇五
只要你心存美好，这世间便会阳光普照

第一章　别让自私冷漠，黯淡了你生命的颜色

　　别让"小我"控制你，你的世界不应如此狭隘 / 204

　　与人为善，帮助他人，快乐自己 / 207

　　管好你自己，小恶不为，小善不弃 / 209

　　多做换位思考，己所不欲，勿施于人 / 211

第二章　你给别人的爱，总有一天会回馈给你

　　你的善行照亮了别人，同时也照亮了自己 / 215

　　学会善待别人 / 218

　　赠人玫瑰，手有余香 / 222

　　愿意与人分享，便会有双倍的幸福 / 225

第三章　宽容是一种成全，成全了别人，也成全了自己

　　心胸狭隘的人，生活的路也往往走不开 / 227

　　我们的成功，也是我们的竞争对手造成的 / 229

　　想要消除仇恨，就用善意的心与世界对话 / 231

第四章　感恩这个世界，因为是它催生了这么好的你

世上最富有的，是心里装着别人的人 / 234
既然活在这个社会中，就要对这个社会尽义务 / 236
当你为社会做贡献时，你得到的是莫大的快乐 / 239
我们每传递一份爱，灵魂就得到一份升华 / 241

篇一
一个人，一个梦，往下走，别停留

也许一个人，直到实现梦想的那一刻，心灵才得以解放，也许许多人一生都不可能有这样的时刻。一切的一切，都是无限耕耘之后的结果。

第一章　如果没有梦想，人生该是何等荒凉

将一些冗余去掉，让梦想轻装起锚，我们不能停留，我们需要奔跑。让所有的恐惧离开，让胆量隆重登场，我们不止属于现在，我们更属于未来。

为实现自我价值而活着

吃饭穿衣是为了活着，但活着不只是为了穿衣吃饭。

每一个人其实都在为了性命活着，为什么？首先要活下去。上大学为什么？找工作。找工作干嘛？拿工资，拿工资是为了自己活得更好一点。但一个人光是为性命活着，这个人活着就没有太多的意义。

人活着是为了生命的存在和延续，但更应该体现人生的自我价值，不能为了活着而活着。

中年男人刚离开一会，回来就发现，一个衣着寒酸，看样子像是流浪汉的人，不知怎么溜进了院子，并且正在偷吃他放在石凳上的一盘糕点。中年男人怒吼起来，质问对方问什么这样不道德。出乎意料的是，那个人并没有像寻常流浪汉那样畏畏缩缩，他慢条斯理地说，他饿了，被糕点的香味吸引来了，而且他食量小，只需要一小块糕点就够了。

这下，中年男人更火了，他没想到一个流浪汉竟敢如此堂而皇之、大言不惭，他怒吼："你是什么身份，怎么配和我吃相同的东西？你应该去捡垃圾吃！"那人很平淡，他说："我有自己的人格，我不想卑微地讨生活。"接着他说："我也想出人头地，但生在农村，家里又穷，小时上不起学，所以到现在还在过着不起眼的生活。但我并不想稀里糊涂地了此一生，所以来到这个陌生的都市。"这么一说，中年人心软了："你不怕无法适应？""只有做过了，才知道是怎么回事。"那人说，他不觉得他的生命只有一条路可以走。他也愿意相信，生命充满了无限可能。

中年人心情很沉重，这些年，他最大的心事就是知道自己要什么，却始终未能付诸行动，生活也许不会更坏，但也绝对不会更好。回过神儿，中年人准备把所有糕点都送给那人，但那人谢绝了，他说："我已经尝过它们的味道，想再去尝点儿别的。"

你自身的条件，确实会对你造成一些限制，但不是绝对的限制，你最终会成为什么样子，取决于你的意愿和魄力。

人应该有所追求，应该有个目标，假如一个人没有追求、没有目标，就仿佛一根游丝，只是飘浮在这个喧嚣世界里的一粒游尘，匆匆地来也可能匆匆地去。活着就要有期望，活着就要有念想，活着为了

自己，但是我们绝不能只为自己活着，要那样的话，当我们回首往事，会因为我们的碌碌无为而悔恨、会因为我们的虚度年华而懊悔。活着不只是为了自己，活着就应该有所追求，活着就好好地活个样子，活着就得好好地珍惜。

人有了物质只能叫生存，人有了理想才谈得上生活。如果活着只是为了生存，那样的人更像是单纯的高等动物，真正意义上的人是懂得怎样生活的。

"物质条件"只是满足人们的生存，而崇高的理想、信念和追求，才能激发人们去奋斗，指导现实的发展，对人们的行动产生巨大的鼓舞作用，这样的"生活"才更有激情和意义。人离不开物质生活，但更需要有精神生活。

有些人，不做事也能活，但还是在做事，为什么？因为他们觉得只有实现个人价值，实现理想，生活才过得有意思，稀里糊涂地浑浑噩噩地过日子，没什么意思。一辈子那么长，要是每天都一样，是件可怕的事。趁着还年轻，尽力让自己的梦想实现，等暮年之时才不会后悔。趁着还有时间，尽最大努力，做成你最想做的那件事，成为你最想成为的那种人，过你最想过的那种生活吧！

篇一　一个人，一个梦，往下走，别停留

趁着年轻，去勇敢追求梦想

有人问英国登山家马洛里："你为什么要攀登世界最高峰。"他回答："因山就在那里。"其实，每个人心里都应该有一座山，去攀登这座山，有时纯粹只是精神上的一种体验。为了这种体验，可能要忍受常人所不能想象的苦，结局也未必美好，可因为拥有了这一体验，此生就无憾了！至少它可以证明，我们曾经年轻过。

有这样一个男孩。第一次来到北京，刚下火车，他就急着打听北京什么地方酒吧比较多。别人见他风尘仆仆，还背着吉他，心里已明白了几分："小伙子，你就应去后海啊，那地方酒吧多。"他连忙道谢，转过身，心里却直犯嘀咕：没听说过北京还有大海啊。

他在农村长大，从小钟爱唱歌。初中毕业后，他开始学吉他，渐渐在当地小有名气。音乐就是他的全部，当他尽全力去追逐梦想时，却被乡亲们看作不务正业。就连父母也反对，劝他脚踏实地，早点成家，安心过日子。但是，梦想的召唤，让他无法平静。他瞒着父母，从家里跑了出来，到了陌生的北京。

最后，他终于找到后海，没见到大海，到处都是酒吧。他无比兴

奋，满怀期望，一家家去问，要不要歌手，无一例外被拒绝。他乡音太重，没人相信他能唱好歌。走了大半夜，脚抬不动了，得找个地方过夜。他身上只带了几十元钱，别说住店，吃饭都成问题。他抱着吉他，在地下的人行通道里睡了一夜。

第二天，他继续找工作。幸运的是，一家酒吧答应让他试唱。露宿了两夜，他总算找到安身之所：两间平房中间有条巷子，上方搭了个盖，就是一间房。房间不到两平方米，能容下一张床，进门就上床，伸手就能摸到屋顶。头顶上方是个鸽子窝，鸽子起飞时，飞舞的羽毛从窗外飘进来，绝无半点诗意。虽然简陋，好歹能遮风挡雨，最主要的是便宜，一个月才200元钱。他告诉房东，我给你100元，住半个月。身上没钱，即使这100元，他还得赊欠着。

不久后，他发现自己并不适合酒吧。为了让更多人分享自己的音乐，他决定离开酒吧，去街头献唱。选好地方，第一次去，他连吉他都没敢拿出来就做了逃兵。他脸皮太薄，连续三天都张不开嘴。第四天，他喝了几两白酒壮胆，最后唱出来了。清澈的嗓音，伴着悠扬的琴声，仿佛山涧清泉流淌，无数人被他的歌声打动，驻足流连。他的歌被传到网上，他的歌迷越来越多。这个叫阿军的流浪歌手，渐渐为人所知，大家都叫他"中关村男孩"。

他离梦想似乎更近了，可有多少人了解他背后的艰辛？没有稳定的收入，他只能住地下室；没有暖气，冬天跟住在冰窖里差不多；为了省电费，只能用冷水洗头；不穿浅色衣服，伙食定量，十元钱大米吃一个星期，两顿饭一棵大葱，三天一包榨菜。每次家人打来电话，他总是说在酒吧唱歌，住员工宿舍，整洁卫生，还有暖气。他心安理得地说着善意的谎言，再苦也不想回家。梦想那么大，只有北京才装得下。

其实，他完全能够不用受这份苦。家里的条件不是太差，有新房子，有关爱他的兄弟姐妹，父母都期望他早日成家。他能够像身边的同龄人一样，在老家找一份简单的工作，安安稳稳地过一辈子。但是，心里总有一个声音在呼唤，梦想让他无法抗拒。他说："我还年轻，如果不出来闯一闯，一辈子都不会安宁。"

在这个世界上，还有许多像阿军一样的人，他们走得很急，发奋地追逐着自己梦想。有的人可能会给这个世界留下些什么，有的人可能只能成为世间的过客，但都没有关系。

登山者之所以能够征服高山，是因为他的心就有那样一个高度；航海者之所以能够征服海洋，是因为他的心就有那样一个广度。每个人心中都应该有一座山、一片海，这山、这海，其实就是个梦想，活着，就得有个梦想。世界上多少伟大的事业就是靠着这个梦想所产生的力量而成就的。

没有目标的人生，很容易迷失方向

因为去哪儿无所谓，所以走哪条路都无所谓，这是很多人的生活写照。因为没有规划，所以索性走一步算一步，自己不知道该怎样做，别人也帮不了他们，而且就算别人说得再好，那也是别人的观点，不能转化成他们的有效行动。

人最大的悲哀，就是工作了一辈子，自己却从来没有喜欢过这份工作；人最大的失败，就是忙碌了一辈子，垂垂老矣却一事无成，自己得不到精神的慰藉，后人也看不到希望。没有规划的人生，就像是没有目标和计划的旅行，走着走着就迷路了。花谢花会再开，可人谁还有来生？活不出个样子来，最对不起的是自己。

如果你自己都不知道要到哪儿去，你就哪儿也去不了。我们在畅想生活的美好前景时，心里会激动不已，可一旦涉及如何完成这个目标的行动时，又往往觉得无从下手、难上加难。很多目标就这样被一个"难"字卡住了。实际上事情的完成不可能轻而易举，目标永远高于现实，从低往高走哪有不费力的道理？关键在于规划，在于要充分挖掘自身潜力，制定一个具体可行的计划。

规划，就是人生的基本航线，有了航线，知道自己想要去哪里，我们就不会偏离目标，更不会迷失方向，生命之舟才能划得更远、航行得更顺畅。

日本著名企业家井上富雄年轻时曾在 IBM 公司工作。可是不幸的事情发生了，由于他体质较弱再加上过分卖力，导致积劳成疾，一病不起。他凭着强大的意志与病魔抗争了 3 年之久，终于得以康复，并重新回到公司工作。

这时候他已经 25 岁了，他觉得自己浪费了太多的时间，现在亟需为自己的未来制订一份计划。这样，一份未来 25 年的人生计划诞生了，这是他第一次为自己制订人生计划。此后，他每年都为自己未来的 25 年订立新的计划。

由于担心过分逞强会引起旧病复发，井上富雄需要一种既能悠闲工作又可快速休息的方法。最初他是这样想的：好吧，别人花 3 年时间做到的，我就花 5 年时间去做；别人花 5 年时间，我就花 10 年时间，只要有条不紊，一步步前进，总是会有成就的。

他一直在思索，"如何才能以最少的体能，消耗最少的精力，以最短的时间方能达到目的。"换而言之，他一直在规划着一种既不过分劳累又能获得成功人生的战略。他依据现实情况，不断对规划做出调整，追加新的努力目标，使自己人生追求逐渐扩展充实起来。他为自己的人生规划做足了准备，当他还是一个办事员的时候，就已经具备了科长的能力；当上科长以后，他又开始学习经理应当具备的能力；做了经理以后，就进一步学习怎么去做总经理。他的升迁比别人要快得多，

这一切都得益于他所制订的人生规划。

到了 47 岁，他干脆离开 IBM，自己开始创业，之后，他取得了更加辉煌的成就。对于后辈们，他给出了这样的忠告："做什么事都要有计划。计划会促使事情的早日完成或理想的早日实现。"

人生从来就不是一个轻松的过程，假如你漫无目的、毫无规划地生活，你的人生只会如同一团乱麻。生活中几乎每个人都有这样的经历：假日清晨一觉醒来，觉得今天没有什么重要的事情需要处理，就会东游西逛，懒懒散散地度过一天，但如果我们有一个非做不可的计划，不管怎样多少都会有点成绩。

一个人的幸运，不是因为他手中拿到了一把好牌，而是因为他知道用最好的方法把牌打出去。人人都有责任研究人生，做人生的设计师，哪怕只是为了对得起自己。虽然你无法预测自己的未来，但你可以用心去规划。只有对自己的人生有个宏观的把握，才能在未来的路上走得从容、走得精彩。

没有信念的生活，只有数不尽的荒凉

把"信念"这两个字拆开来看："信"字就是人言，即人说的话；"念"就是今天的心。"信念"二字组合起来就是——今天我的心对自己说的话。

"今天我的心对自己说的话"，如一粒种子，扎根在人生这个广袤大地上，只要环境允许，就会生根发芽、破土而出。人生有了这粒种子，哪怕障碍重重，依然不屈不挠。

一场突如其来的暴风雨使一位旅行者在沙漠中迷失了方向。更可怕的是，他的旅行袋也被风暴卷走了，那里面装着水和干粮。他翻遍身上所有的口袋，只找到了一个青苹果。

"感谢上帝，我还有一个苹果！"旅行者看到了生命的希望。

他紧紧攥着那个苹果，独自一人在沙漠中寻找出路。每每干渴、饥饿、疲劳袭来之时，他都要看一看手中的苹果，抿一抿干裂的嘴唇，陡然又会增添不少力量。

两天以后，他终于走出了荒漠，而那个他始终舍不得咬一口的青苹果，已干瘪得不成样子，他却仍然像宝贝一样地攥在手里。

一个再平常不过的青苹果，怎会拥有如此不可思议的力量？因为此时它已转化为一种信念，是维持生命的希望，只要这个希望还在，就足以支撑他不至于倒下去。可以想象，在生命中最困苦的时刻，这个人一定对苹果做出过想象，他可能把它想象成"救世主"，也可能把它想象成"平安夜的祝福"，还可能把它想象成"心爱的姑娘"……总之，这个苹果的意义已经超越了平凡，它升华成了苦难者的精神食粮，成了撑起生命的坚强支柱。

生活中没有信念的人，犹如一个没有罗盘的水手，在浩瀚的大海里随波逐流。看不到尽头，看不到希望，所剩下的，只有迷失的航向

和数不尽的迷茫。

在美国纽约有一个警察，他在执行任务时被匪徒射中左眼和右膝盖骨。三个月以后，当他从医院出来时，已经完全变了模样：曾经英俊挺拔、双目炯炯有神的小伙子，成了一个又跛又瞎的残疾人。

他因此消沉了吗？不！他不顾身体现状，坚决要参与抓捕行动，他势必要把匪徒抓捕归案。为了这个信念，他几乎跑遍了整个美国，甚至为了一个"小道消息"独自一人飞往欧洲。

九年后，那个匪徒终于在亚洲某个小国落网，当然，他起到了非常关键的作用。在庆功会上，他再次成为英雄，媒体将其誉为"全美利坚最坚强、最勇敢的人"。然而仅仅过了半年，他就在自己的家中割脉自杀了。

在遗书中，人们知道了他自杀的原因——他死于绝望："多年以来，支撑我活下去的信念就是抓住凶手……如今，伤害我的凶手得到了应有的惩罚，我的仇恨被化解了，可生存的信念也随之消失。面对自己的伤残，我从来没有这样绝望过……"

我们当然不提倡将仇恨作为一种信念，但通过这一事件你应该有所感悟：信念能够创造生命的奇迹，拥有它时，生命就会被激发出无穷力量；失去它时，生命就会无限荒凉。

篇一 一个人，一个梦，往下走，别停留

只要有心，谁的青春都可以绽放异彩

走在城市的街道上，常能看到一些匍匐在街边、年轻力壮的"乞丐"，他们并不是缺手缺脚，也绝不是大脑发育不健全，但却甘愿将自己弄得披头散发，穿得破破烂烂，他们就那样用空洞的眼神看着奔波忙碌的人们，高举着扭曲的手，不断地给路人磕头……多数人，甚至不愿多看他们一眼。

也许你会说，人家比你有钱！是的，或许他们真的很有钱。前不久就曾看到过一篇报道，某年轻男子装瘸乞讨，已在京购入两套住房。这对于很多北漂的年轻人而言，或许是需要很长时间才能够实现甚至是终生无法实现的事情，但是，平心而论，这样去对待仅有一次的生命，其意义何在？再说得实在一点，你想要这样的活法吗？

生命的光彩是需要绽放的，人生的价值是需要创造的，青春的梦想是需要奋斗的。

现在，我们年轻，这就是生命最大的资本，因为这个资本，我们可以全力去挑战，全力去奋斗，全力去追逐自己的梦想。但是，又有多少人忽略了这个资本，辜负了生命赐予我们的、最宝贵的青春？

现在的你：

是不是整天无所事事，一觉睡到大中午？

是不是，遇到麻烦就躲着走，只要不开心就说做事没感觉，有一点点累就嚷嚷着要休息？

别人学习的时候，你却在网络中浏览，而当你不得不学习的时候，又开始抱怨时间不够，抱怨竞争的压力太大。

当别人抱着满满的热情为梦想奋斗时，你却在抱怨就业难。要说就业难，或许只是你的就业问题难，如果你真的出类拔萃，就业又怎么会难？是你，浪费了大好的青春，你把比奢侈品还贵的青春践踏得就像尘埃，到头来却又抱怨青春没有回馈给你丰厚的收成。你没有付出，又凭什么要求得到一份待遇优越又轻松工作？如果你能把青春当作泥土，开始播种、耕耘、浇灌，即使将来没有大丰收，但也肯定会有一份不错的收成。把握好青春，意味着充实的人生就在不远处等着你。青春一旦被辜负，生命将失去活力、激情。青春，应该是用来奋斗的，在生命的道路上，年轻人要输就输给追求，要嫁就嫁给幸福！而不是将青春白白地浪费。

追求，是鸟儿飞翔的翅膀，不展开翅膀，你永远不可能知道自己究竟能飞多远。一个人能把生命经营成什么样子，很大程度上取决于年轻时的追求。有了追求，思想就更辽阔，无论最终能否实现，它始终是一种激励。从这种意义上讲，追求是实现青春意义的最好方式。

"一个人的气质是来自于经历风雨后的每一条皱纹，以及皱纹背后隐藏着的各种故事。这就是气质。"新东方的俞敏洪老师这样寄语年轻人，他对青春的解读我们真应该好好看一看、品一品：

"什么时候该培养气质？对于年轻人来说，从现在开始，一直到30岁。孔子说三十而立，但是李彦宏30岁时还是一个穷光蛋，马云30岁时也还是一个穷光蛋。是不是穷光蛋其实不重要，重要的是培养你的气质，气质包含你的志向、梦想等。我们外在的青春总有逝去的时候，而内心的青春其实才是气质的重要组成部分。

"如今徐小平、王强和我都已经过了50岁了，我们不可能像你们年轻人那样活蹦乱跳，那我们的青春体现在什么地方？体现在我们内心对青春的欣赏和追求，青春跟年龄没有关系。我们还不算老年人，我们每天都想着怎么创新，怎么跟上时代，怎么跟上移动互联网的发展，怎么去投资最有活力、最有创意的年轻人的公司，跟他们一起成长，然后继续给我们带来财富和希望。我们用挣到的钱继续为世界的进步做贡献。

"在这种情况下，我们怎么可能老去？我们有一个共同的特点是我们永远有理想和激情，而这些东西恰恰是我们这些人到今天还能保持奋斗热情的最重要的源泉。所以，对于我们来说，即使在最艰苦的时候，也能坚持自己的理想和激情。你30岁以前有外在的青春，30岁以后则要靠内心的青春和气质。30岁以后我们所有的青春、梦想、激情都集中体现在我们对事业、生活、未来以及对社会贡献的追求上。

"此外，你今天做的事情跟未来想要的事情立刻挂钩是不可能的，具备这种挂钩能力的人有，但并不多。虽然追逐梦想的过程不一样，但结局是一样的，只要坚持到最后，就离成功不远了。梦想就是你心

中的东西，是即使心中迷茫却依然坚守的东西。我在北大那几年的迷茫其实为我奠定了后来创业的所有基础。

"所以，不要说等我有一个清晰的梦想才开始去做。你需要的是每一天都知道自己的生命还会前行，知道未来你需要一个展示自己的机会，而这个机会就是你今天一块一块搬过来的砖，最后才能砌成一栋大楼。对于创业来说，人生一辈子一定要有一次创业的机会，可以是几个朋友一起创业，也可以独自创业。我们要容忍这个世界上的各种局限，甚至有的时候必须屈服于某种既定的规则、习惯和习俗。但是，我们的容忍不能变成只知道累断自己的脊梁骨，只知道自己一辈子在地上爬，而不知道人是可以站起来行走的动物。你是人，人要有站起来的一天。什么叫站起来？冲破所有你不愿意冲破的障碍，放弃所有你不愿意丢弃的一切，重新开始新的人生，而这个开端最重要的是执着于心中的梦想，而最典型的开始是打破你内心的懦弱、自卑和自己给自己设定的障碍。

"新东方上市以后，王强、徐小平再次出走，因为要留一个人在家里看着，我就是那个留下来守着新东方的人。如果哪一天我要把新东方做倒了，他们俩在外面也没有自信调侃的基础了。所以，我必须要保持新东方健康成长，保证新东方的发展，为他们提供能够骄傲地讲述新东方未来的美好故事。徐小平和王强走出新东方的日常管理，用了不到五年的时间打开了中国天使投资的另外一扇窗，不光实现了自己的梦想，而且也让无数的年轻人冲破了自己心目中那么一点点的障碍，最后充满活力地奔向未来。我们能做到，你为什么不行？"

其实只要有心，谁的青春都可以不被辜负，他们可以，我们一样也行。值得思考的是，在这里，俞敏洪对青春下了一个新的定义：不是十几岁二十几岁才叫青春，倘若心未老，心未死，那就是青春。青春不是年龄，是想要更美好的心。

那么，现在不管你多少岁，不要再偷懒，也不要再抱怨时间年龄的问题，你若真的不想辜负生命，就不要自作聪明找借口耽误自己。

今天，已经是你剩下的生命中最年轻的一天了，赶紧规划你的人生吧！无论你想要怎样的生活，无论是宁静平淡还是灿烂辉煌，起码不能无所事事任时光虚度吧？生命只有一次，在相差无几的时间里，比别人体验更多你就拥有更多。趁着时间与身体还允许你奋斗，请珍惜自己上场的机会，未知的鲜活若是吸引你，那就去奋斗吧！

敢于带着梦想上路，才能逆转命运的残酷

其实，在人生这场征程中，即使你没有车马盘缠，没有丰衣足食，即使两手空空没有什么行李，但只要你有梦想，就依然可以义无反顾。因为，梦想就是最宝贵的财富，有了它，就足以抵挡无限的未知与危险的威慑，就足以让我们原本不被看好的人生有千变万化的可能。

他是鞋匠的儿子，生活在社会的最底层，他从小忍受着贫困与饥

饿的煎熬以及富家子弟的奚落和嘲笑，但他是个爱做梦的孩子，梦想有朝一日能够通过个人发奋摆脱现状，成为一个受世人尊重的人。

没有人愿意跟他玩，他一天大部分时间都把自我关在屋里，读书或者给他的玩具娃娃缝衣服，然后等待晚上父亲给他讲《一千零一夜》里的故事，或者向父亲倾诉他想成为一名演员或作家的梦想。

他11岁时，父亲去世了，他的处境更加艰难。14岁时，由于生活所迫，母亲要他去当裁缝工学徒。他哭着把他读过的许多出身贫寒的名人的故事讲给她听，哀求母亲允许他去哥本哈根，因为那里有著名的皇家剧院，他的表演天分也许会得到人们的赏识。他说："我梦想能成为一个名人，我知道要想出名就得先历尽千辛万苦。"

就这样，14岁的他穿着一身大人的旧服装离开了故乡。由于家境贫寒，母亲实在筹不出什么东西能够让他带在身上，她唯一能做的就是花3个丹麦银元买通赶邮车的马夫，乞求他让儿子搭车前往哥本哈根。母亲看着年幼的儿子两手空空地远行，心痛而愧疚，不由泪水长流。他反倒安慰母亲说："我并不是两手空空啊，我带着我的梦想远行，这才是最最重要的行李。母亲，我会成功的！"就这样，一个14岁的穷孩子，两手空空地独自踏上了前往哥本哈根的寻梦之路。

也许上天注定了每个人的梦想之旅不会一帆风顺，他也一样。在哥本哈根，他依然无法摆脱别人的歧视，经常受到许多人的嘲笑，嘲笑他的脸像纸一样苍白，眼睛像青豆般细小，像个小丑。几经周折，他最后在皇家剧院得到了一个扮演侏儒的机会，他的名字第一次被印在了节目单上，望着那些铅印的字母，他兴奋得夜不能寐。

篇一　一个人，一个梦，往下走，别停留

但愉悦是短暂的，他之后扮演的主角无非是男仆、侍童、牧羊人等，他感觉自己成为大演员的期望越来越渺茫。于是，为了成为名人，他开始投身到写作中。他笔耕不辍，两年后，他的第一本小说集出版，但由于他是个无名小卒，书根本卖不出去。他试图把这本书敬献给当时的名人贝尔，却遭到讽刺和拒绝："如果您认为您应当对我有一点儿尊重的话，您只要放下把您的书献给我的想法就够了。"

在哥本哈根，他的梦想之火一次又一次遭遇瓢泼冷水，人们嘲笑他是个"对梦想执着，但时运不济的可怜的鞋匠的儿子"，他一度抑郁甚至想到自杀。但每次在梦想之火濒于熄灭之际，他就会一遍又一遍地告诉自我：我并不是一无所有，至少我还有梦想，有梦，就有成功的期望！

最后，在他来哥本哈根寻梦的第 15 个年头里，在经历过一次次刻骨铭心的失败后，29 岁的他以小说《即兴诗人》一举成名。随后，他出版了一本装帧朴素的小册子《讲给孩子们的童话》，里面有 4 篇童话——《打火匣》《小克劳斯和大克劳斯》《豌豆上的公主》和《小意达的花儿》，奠定了他作为一名世界级童话作家的地位。

他用梦想点燃了自我，用童话征服了世界。也许你已经猜到了，他就是丹麦著名作家安徒生。

成名以后，安徒生受到了王公大臣的欢迎和世人的尊敬，他经常受到国王的邀请并被授予勋章，他最后能够自在地在他们面前读他写的故事，而不用担心受到奚落。从他的童话中，我们依然能够看到他的影子，他就是《打火匣》里的那个士兵，就是那个能看出皇帝一丝

不挂的小男孩，就是那只变成美丽天鹅的丑小鸭……

谁会想到，一个两手空空来繁华都市寻梦的穷孩子，最终会得到人生如此丰硕的回报？之所以如此，正是因为他有梦想，而且是个在困难面前从不轻易熄灭梦想之火的人。

敢于带着梦想上路的人，才能够逆转残酷的命运。有些人即便一无所有，他也能书写出美丽的人生童话，折射出别样的人生光华；有的人生来锦衣玉食，车马齐备，但如果只把目标放在人生的享乐上，他的人生也绝不可能丰富。

我们可以把人生比作一个牌局，上帝负责为每一个人发牌，牌的好坏不能由我们选择，但我们可以用好的心态去接受现实，即使你手中只是一副烂牌，但你可以尽最大努力将牌打得无可挑剔，让手中的牌发挥出最大威力；如果上帝给了你一副好牌，但你总是四个二带俩王这么出，那么再好的牌也会被你浪费。

从现在开始，你要给人生做一个大策划

常有一些年龄大的人感叹："我这辈子最大的问题就在于没有目标。"说这样的话，只能说明他们还没有了解目标的真正意义。事实上，每个人都是有目标的，小到多挣几百块钱，大到追求快乐而避开

痛苦，这都是目标。只不过，真正有意义的目标应该是能够促使人们拿出行动去追求丰富多彩人生的。遗憾的是，很多人所追求的目标真的就是多挣几百块钱用以偿付每月恼人的账单，当一个人的思想落到这种境地，人生也就不可能具有高层次的意义了。

人生的精彩在于自我的策划，有什么样的目标就有什么样的人生，你为人生做出一个好的策划，才能朝着好的方向进行。如果你期望自身的潜能够得以充分发挥，那么就要给人生做一个大策划，为人生订下一个大目标，这样，你才会愿意去挑战，才能够在挑战中发现无穷无尽的机会，使人生进入更高的层次。

那么，今天的你达到自己所期望的样子了吗？你的潜能是否完全发挥出来了呢？如果你能对自己狠下心来，相信你的未来会远胜于今天，现在就是你下定决心给自己的人生做一个大策划的时候了。

那年冬天，在美国西部洛杉矶市郊的一间屋子里，一个15岁的腼腆少年——约翰·葛达德——正在厨房的桌子前做着生物学家庭作业。这时他听到隔壁父母的一位朋友说："如果让我回到约翰的年纪，我干的事就大不一样！"这句话深深触动了葛达德的心。他在日记本新的一页上端正地写上了"我的终生计划"几个字，然后葛达德花了5个小时，一口气写下了127个目标。下面这些是目标中的一部分：

目标第一：探索尼罗河；

目标第二十一：登上珠穆朗玛峰；

目标第四十：驾驶飞机；

目标第五十四：去南、北极；

目标第一百一十一：读完莎士比亚、柏拉图等十七位大师的全部名著；

目标第一百二十五：登上遥远、美丽的月球。

为了实现这些梦想，葛拉德在他的小册子上写上了周计划和月计划。他每周都要量体重、清理衣橱、分析食谱和自我检查行动的得失。每天早晨他花60分钟练习杠铃、拉力器和单杠，以保持健美的体型。总之，葛拉德全力以赴地朝着自己订下的目标而努力着。每当他实现了一个目标，他便带着满足的神情，在一个"目标"旁边画上一个代表成功的红色标记。结果怎么样呢？

到葛拉德61岁的时候，他已经成功实现了127个目标中的108个。

例如他的第四十个目标是驾驶飞机，他后来驾驶过46种飞机，其中包括时速达到1500英里的F——111战斗机；他把自己实现第一个目标的经历写成了一本名叫《漂下尼罗河的皮划子》的畅销书。

"志不立，天下无可成之事。"立志是人生的起跑点，反映着一个人的理想、胸怀、情趣和价值观，影响着一个人的奋斗目标及成就的大小。所以，在规划人生时，首先要确立志向，这是人生成败的关键，也是最重要的一点。

当然，这个志向要切合实际。有时候，一个人纵然有浩然气魄，却脱离了生活的实际，梦想也只能是美梦一场。

第二章　你能过得更好，只是你现在还不知道

　　人生的旅途，前程很远，也很暗。然而不要怕，不怕的人的面前才有路。即使错了，也不必懊恼，人生就是对对错错，何况有许多事，回头看来，对错已经无所谓了。

生活的困顿，往往受困于心理的高度

　　如果一个人认为自己没有资格拥有更好的东西，他就不会拥有更好的东西。因为一旦产生了这样的心理，他就会敷衍工作和生活，对自己不会再有更高的要求与期望，这个人的精力也会随之逐渐萎靡。

　　世上所有的伟大成就都源于人们对于某个事物的追求。这种渴望，不仅能够激发人的勇气，也让人在面对艰难险阻的时候愿意做出某些牺牲，甚至是自己的生命。这种渴望，一旦被唤醒，内心的力量就会被开发、被激发，你就能活得更好。

　　女人在44岁下岗了，当时，她的丈夫也失业在家，儿子正在读大

学，她是家里的经济支柱，而下岗使得这个唯一的经济来源也被掐断了。她一下子迷茫了，她原本只想安安分分地等到退休，现在，她不知道这个家的出路在哪里。但是她知道，自己绝不能倒下，她还要继续支撑这个家。

于是她在街上摆了个摊，卖早餐。她原本是个腼腆害羞的女人，以前在单位，开会发言她都会脸红，说话吞吞吐吐的，惹得同事们放声大笑。现在，她不得不改变了，对着街上熙熙攘攘的人群，她硬着头皮高喊："卖油条啦，刚炸好的油条，油好面好口感好！""八宝粥，自家用心熬的八宝粥，又卫生又营养的八宝粥啦！"有些时候，她还会别出心裁地喊出些吸引人的词汇，引得来往的行人不断侧目，生意比她之前想象的要好很多。一个月下来，她粗略地算了一下，差不多赚了2300块钱，这要比下岗前的工资多出1000多元，她的心里一下子豁亮起来了。虽然现在很辛苦，但她却很高兴，她觉得自己的生活能过得更好。

由于生意很好，她一个人确实忙不过来，就让开摩的丈夫和她一起出摊。丈夫爽快地答应了。夫妻俩同心协力，开始了新的人生旅程。他们从当街早餐开始，到租门面房卖小吃，再到开面食加工厂。仅仅用了8年的时间，她就从下岗女工摇身一变成了资产近千万的民营企业家。

在接受记者采访时，她说了这样一段话："我实在想不到我的今天会是这么好，以前总觉得自己很平庸，做什么都不成，在单位混口饭吃就满足了。可一下岗，我整个人精神都变了，这时才觉得自己可以做很多的事情，可以做一番事业。如果不是下岗，恐怕我就浑浑噩噩过一辈子了。"

不管生活对我们如何残忍，如果我们敢于往上看，就能达到你自己都未曾想到过的高度。许多人举步维艰，往往就是因为他们严重低估了自己。他们思想的局限性，认为自己无用和愚蠢的想法，正是他们人生的最大枷锁。如果一个人自认为无能，那就没有任何力量可以帮助他去实现成功。

很多时候，正是我们自己把自己围在了城里，主观认识上的偏见、个性上的不足、客观上的陈规陋习等都制约着我们实现生命价值的最大化。如果我们想在一生中有所作为，我们就必须要学会不停地突围。

不当井底之蛙，学着开阔自己的眼界

每个人都有属于自己的天空，然而这片天空却会因为人的选择变得有大有小，有宽有窄。人生说长不长，说短也不短。怎么度过完全在于人面临选择时候的态度。其实，很多时候我们没有必要坐井观天，天也并不是我们眼前那一点点的方寸之大。有些时候，只要你勇敢地走出那关键的一步，你就完全可以看到一个不一样的世界，看到不一样的辽阔天空。

井底之蛙看到的天空就是井口那么大，没有人希望自己是井底之

蛙，所以当一个人在做出人生抉择的时候，要学会看到长远的方向，而不是只看准了眼前的事物。只有当你看到了事物的整个发展过程，你才会意识到人生选择并不是那么简单的事情。

要想做出更加适合自己发展或者说更好的抉择，就要克服自己短浅的目光，很多人考虑问题都喜欢从眼前出发，虽然这样做出的决定或许会适合当前的境遇，但是从长远来看，最终是不利于个人的发展的。所以说要学会从长远的目标出发，看透问题，最终做出自己最正确的人生抉择。

很多大学生都会面临这样的选择，在毕业之后，他们会因为父母的意愿，而放弃自己寻找的工作，或者说放弃自己的兴趣，去从事一份父母托人给找的相对稳定的工作，这样的人在做选择的时候是十分轻率的，他们会毫不犹豫地放弃自己的选择，听从父母的安排。从眼前来看，或许对他们是有好处的，起码不用一个人在外奔波受苦，但是他们内心是否喜欢眼前的工作，这将是一个很严重的问题。如果他们不喜欢这份工作，那么即便是赚到了钱，对他来讲也是遗憾的，由此可见，做出选择不要站在"井底"，要从长远来看问题，最终实现自己的成功抉择。

李娜利在大学毕业后，找到了自己的第一份工作，因为自己在大学期间学的是广告设计，她的第一份工作就是在广告公司担任平面设计。但是，她的父母不同意她做这份工作，她的父母为她找到了一份很稳定的工作，要求她回到县里工作，她不喜欢父母给自己安排的那份工作，于是坚决不同意放弃眼前的工作。

篇一　一个人，一个梦，往下走，别停留

在3年以后，她成为了这家广告公司的高层管理者，她很庆幸自己当初坚持了自己的选择。从自己的人生目标出发，从而成功实现了自己的人生抉择。

要想做出正确的抉择，就要从长远的利益看待问题。我们经常会看到这样的事情发生，当在做出选择之后，才发现这个选择不是自己想要拥有的。这样的人往往在做出选择的时候就会犹豫不决。原因很简单，是因为他们不知道的事情很多，不了解的事情很多，最终导致在做了选择之后，才发现自己做出了错误的选择。由此可见，在做出选择之前一定要想清楚自己想要的是什么，自己希望得到的是什么，这样你才能够做出成功的抉择。

在人的一生中，不要当"井底"之蛙，不要让自己的思想被一片小天地环境束缚着，因为在很多时候你要面对的是外界的社会环境，在这个大环境中，你必须要承受住很多。所以说要让自己的内心变得更加宽广，才能够应对外界的冲击，在进行人生抉择的时候，也才能让自己的内心变得更加强大。

如果你的思想一直停留在狭小的空间内，你就不知道自己的选择有多么广。比如说当你走到人生的岔口，本来有三条路可供你选择，但是因为你的无知，导致你就看到了两条路，而没有看到的那条路正好就是你希望走的路。所以说不要让自己的内心变得狭窄，要学会吸收外界的养分，充实自己的内心，在选择之前做好一切准备，最终帮助自己做出更好的选择。

一个成功的人，总是要会学开阔自己的眼界，因为只有开阔了自

己的眼界，才能够真正地感知到自己前进的快乐。同样地，当一个人开阔了自己的眼界，他想事情和做事情的方法就会更加智慧，最终，他将会实现自己的成功。

每个人的人生都不会是一样的，同时，要想让自己的人生散发出异样的光彩，就需要你去用心去努力，这种努力不仅仅是要做好选择，更多的是要让自己看到自己存在的价值。因此，如果你想要成为一个具有全局意识的人，那么最重要的就是要让自己拥有全面的思维，而全面的思维最重要的就是要让自己开阔眼界。要学会仰望这片天空，充盈自己的知识和内涵，帮助自己成功。

井底之蛙，往往对自己的生活十分满足，因为它所能够看到的就是井口那么大的天空，所以说它不会期望得到太多，只要能够看到井口那么大的天空，它就会很知足。当然，要知道世界有多么大，是井底之蛙所不知道的，如果有一天井底之蛙被解救上来，它看到了整片天空，那么它可能会深受打击，无法接受这个现实。所以说，不要让自己成为井底之蛙，要让自己的眼界变得开阔，这样你才能够拥有更多的选择，在自己的人生道路上才会绽放出异样的花朵。

一个见多识广的人总是能够给自己提供更多的机会，当你的机会处在很好的状态下的时候你会发现自己的内心是那么强大，当你面对选择的时候，你才能够有更多的参照。所以说要想让自己做出更好的选择，就要学会让自己的内心世界变得更加宽广，让自己的眼界变得更加得开阔。

井底之蛙看到的永远只是自己头顶的那片天空，它永远看不到外界任何事物，所以说它乐于这种平静的生活，而外面的世界是很精彩的。因此，你必须要经历社会中各种的变化，让自己吸收更多的养分，最终选择出一条更加适合自己的道路，最终让自己的人生变得更加完美。

只要敢于尝试，成功就不会遥不可及

成功到底难不难？难！但也并不像我们想象中那么难。很多事情我们做不到，并不是因为它太难我们做不到，而是因为我们不敢做。

一直以来，在我们的印象中，成功似乎总与艰难困苦有关，极少有人将其与轻松愉悦联系在一起。其实，这是我们把成功想象得太过复杂了。

如果说，你现在处于那种对成功的恐惧之中，马上去看看下面这个真实的故事，你就会发现：原来我们一直被欺骗了好多年！

多年前，一位韩国学生到剑桥大学进修心理学课程。在喝下午茶的时候，他常到学校的咖啡厅或茶座室听一些成功人士聊天。这些成功人士包括：诺贝尔奖获得者、某领域的一些学术权威以及一些创造了经济神话的人，这些人幽默风趣，举重若轻，都把自己的成功看得非常自然和顺理成章。久而久之，他发现，在国内时，他被一些成功

人士欺骗了。那些人为了让正在创业的人知难而退，普遍把自己创业时的艰辛夸大了，也就是说，他们在用自己的成功经历吓唬那些还没有取得成功的人。

作为心理系的学生，他认为很有必要对韩国成功人士的心态加以研究。于是，他把《成功并不像你想象的那么难》作为毕业论文，提交给现代经济心理学的创始人威尔布雷登教授。布雷登教授阅读以后，大为惊喜，他认为这是个新发现，这种现象虽然在东方甚至在世界各地普遍存在，但此前还没有一个人大胆地提出来并加以研究。惊喜之余，他写信给他的剑桥校友——当时韩国政坛第一人——朴正熙。他在信中说："我不敢说这部著作对你有多么大的帮助，但我敢肯定它比你的任何一个政令都能产生震动。"

后来这本书果然伴随着韩国的经济起飞了。这本书鼓舞了许多人，因为它从一个新的角度告诉人们：成功与艰难困苦联系不大，而事实上，只要你对某一事业感兴趣、你在这方面不是一无所知，只要你持之以恒就会成功，因为上帝赋予你的时间和智慧足够你圆满地做完一件事情了。这位青年也获得了成功，他成了韩国泛业汽车公司的总裁。

这才是事实的真相！成功虽然不是什么轻而易举的事，但也不一定非要"上刀山，下火海"，那些将成功难度无限夸大的人物及文字，显然带着某种目的，你可以去参考，但不要迷信，因为成功最主要的一点就是——当你看清楚一件事情的意义以后，踏踏实实、持之以恒、锲而不舍地去做，直到它成为你想要的样子。

其实人生中的许多事，只要想做我们都能做到，该克服的困难就去克服，用不着什么心计或谋略，只要你还活着，只要你不乏激情，你终会发现，努力过后，很多事情都是自然而然的。

所以，没必要再对"成功"心有余悸，谈虎变色，觉得那是专家们的事情，与自己不存在任何关系，因而有了梦想也不敢去尝试，怕丢人、怕浪费时间、怕最终无功而返，因为只要你去做了，就绝对有成功的可能，但你不去做，就绝无成功的机会。

最起码你要相信自己，相信自己可以有美好的将来，这肯定没有你想象中那么难——只要你肯敲门、肯尝试、肯努力！

你现在还没有成功，是因为你的定位不对

人怎样给自己定位，将决定他对人生的经营，你是堂堂正正地活着，还是吊儿郎当地混日子，全在于此。志在顶峰的人不会留恋山腰的风景，甘心做奴隶的人永远也不会成为生活主人。

就算你再年轻、再没有经验，只要你肯把全部精力集中到一个点上，大小都会有所成就；即使你很聪明、你很有天赋，但如果流连市井，最终也只能平庸一生。再难的事，只要你有志气，且能够专心致志，就能做成，但如果心思散乱、胸无大志，哪怕只是不起眼的成绩，你做起来也会比登天还难。人生最关键的那么几年，你给自己定位成

什么，你就是什么，定位能够改变人的一生。

从前，有一位双腿残疾的青年在长途汽车站卖茶叶蛋。由于他表情呆滞、衣衫褴褛，过往的旅客都错将他当成了乞丐，一上午过去，茶鸡蛋没卖出几个，脚下却堆起了不少的零钱。

那天，有一位西装革履的商人打此经过，与众人一样，他随手丢下一枚硬币，然后快步地向候车室方向走去。但没走上十步，商人突然停住，继而转身来到残疾青年面前，拿起两个茶叶蛋并连连道歉："对不起，对不起，我误把您当成了乞丐，但其实您是一个生意人。"

望着商人逐渐远去的背影，残疾青年若有所思。

3年以后，那个商人再次经过那个车站，由于腹中饥饿，便走进附近一家饭馆，要了一碗云吞面。付账时，店主突然说道："先生，这碗面我请你。"

"为什么"商人大感不解。

"您不记得了？我就是3年前卖给您茶叶蛋的'生意人'。"他有意加重了"生意人"三个字的发音。

"在没遇到您之前，我也把自己当成乞丐，是您点醒了我，让我意识到自己原来是个生意人。你看，我现在成了名副其实的生意人。"

其实，每个人都拥有惊人的潜力，就看我们是否愿意唤醒它。事实是，如果你将自己看得一文不值，那你或许就只能做个乞丐；若是把自己看作是"生意人"，你就一定可以成为"生意人"。是蜷缩在阴暗的角落捡拾残羹剩饭，还是坐在明亮的写字楼中调兵遣将，全在你的一念之间。关键是，我们要善于发现自己，而不是等着别人来发现。

篇一　一个人，一个梦，往下走，别停留

在现实中，总有一些人瞧不起自己。他们或是受了"宿命论"的影响，任何事都指着天来安排；或是因为本性懦弱，他们总是希望别人帮助自己站起来；或是因为责任心太差，该做的事情不做，没有丝毫的担当……总之，他们给自己的定位实在太低，所以遇事不敢为人之先，一直被一种消极心态所支配。

于是人生出现了这样的现象：

有的人一直认为自己是"不可爱的人"，所以当有人夸赞他可爱的时候，他甚至认为对方是在虚伪地恭维或是刻薄地讽刺自己，所以他将那人拒之千里之外。

有的人一直认为自己天生就是受穷的命，所以不自觉地削弱了自己的赚钱动机，因而错失了很多机遇。

毫无疑问，那些错误的、过时的定位是隐藏在我们心中的毒药，荼毒我们原本进取的心灵，导致我们离梦想的生活越来越远，所以你必须及时更新自己的定位，改变那些庸俗的想法，这实在是当务之急。

如果你愿意改变自己，眼前就是新的天地

如果你真的想改变当前不如意的生活，那么从现在起就要改变你自己。这世间的事，有因必有果——每一个行为都有一种结果。我们

日复一日地写下自身的命运，因为我们今天的所为将决定我们明天的命运。这就是人生的最高逻辑和法则。

换言之，过往发生在我们身上的一切错误，造成了今天对梦想的贻误。所以，我们必须学着改变自己，因为自己还不完善，还有很多缺点需要去改。

有一个卖花的小姑娘，在辛苦了一整天后准备回家吃饭，这时她的手中还有两朵玫瑰花，她看到路边有一个乞丐，于是将那花儿送给了他。

这个小姑娘的不经意之举，却改变了一个人的命运。

乞丐从没想到会有美女送花给自己，幸福来得太突然了，他从来没有用心爱过自己，也没有接受过别人对自己的爱，在他的眼中，这个世界一直是很冷漠的，可这一瞬间，一股暖流在他的心中流淌，他当即做了一个决定：今天不行乞了，回家！

到家以后，他在角落里找出一个瓶子，装了些水，将玫瑰花养了起来。他出神地望着玫瑰花，静静地，呆呆地……突然，他把花拿了出来。原来，他觉得这瓶子太脏了，根本配不上如此漂亮的玫瑰花，他将瓶子洗了又洗，然后重新将花插了进去。

这时他又觉得桌子太脏、太乱了，花儿摆在上面一点也不协调，于是他又开始擦桌子，收拾杂物。

那么，这么漂亮的玫瑰花，这么干净的桌子，怎么能放在这么肮脏的屋子中了。接下来他又开始收拾房间，把所有的物品都摆放整齐，把所有的垃圾清理出去。这个乞丐的家，因为有了这朵玫瑰花而变得整洁、明亮起来。他第一次发现原来自己生活的环境可以这样整齐。他在屋子里忘情地舞动起来。突然，他发现镜子里有一个蓬头垢面、衣裳褴褛的年轻人，原来自己竟是这副模样，这样的人有什么资格待在这样的房间里与玫瑰相伴呢？于是他立刻去彻底地洗了一次澡，然后找出一件虽然陈旧但还算干净的衣服，又对着镜子刮去了满脸的胡子。这时镜子中出现的，俨然是一个年轻帅气的小伙子。

他突然发现，自己其实还是蛮不错的，为什么要去当乞丐呢？他多年以来第一次这样拷问自己，他的灵魂在瞬间觉醒了。他当即决定，从此以后再不行乞了，他要找一份正当的工作。这是他一生中最重要的决定。

因为不怕脏不怕累，很快他就找到了一份工作，心中的那朵玫瑰花一直激励着他，他不懈地努力着，40岁的时候，他成了当地非常有名气的民营企业家。

当你自己改变了，一切也就变了。每个人都有主宰自己生活的能力，前提是你不能放弃自己。别让自己沉沦，只要开始做一些小小的改变，人生终究会有所不同。

第三章　只要你肯努力，这个世界终会给你回报

生命就像是回音，你送出了什么，它就送回什么，你播种了什么就会收获什么，你给予什么就会得到什么。只要你愿意努力，这个世界终会给你一些回报。

上帝给予人天分，勤奋将天分变为天才

何为天才？按字面理解就是天纵之才。它是把双刃剑，有天赋的人，可以在谈笑间完成别人难以完成的任务，让人徒生羡慕，然而，也因为有了天赋，有些人便怠慢后天的勤奋，最终酿成的是一杯杯苦酒；天赋，有时也会让人平庸，甚至渺小。天赋不能决定人生，但勤奋可让人优秀，资质平平的人，如果肯努力、肯付出，前程也绝不会是灰暗的，有了天赋又勤奋，便可以变得无可替代。

自从进入NBA以来，科比就从未缺少过关注，从一个高中生一夜

间成为百万富翁，他的知名度在不断上升。洛杉矶如此浮华的一座城市对谁都充满了诱惑，但科比却说："我可没有洛杉矶式的生活。"从他宣布跳过大学加盟 NBA 的那一刻他就很清楚，自己面对的挑战是什么。

每天凌晨 4 点，当人们还在睡梦中时，科比就已经起床奔向跑道，他要进行 60 分钟的伸展运动和跑步练习；9:30 开始的球队集中训练，科比总是最少提前一个小时到达球馆。正是这样的态度，让科比迅速成长起来，以至于连奥尼尔都说"从未见过天分这样高，又这样努力的球员"。

十几年弹指一挥间，科比变得越发强大起来，但他从未降低过对自己的要求，挫折、伤病，他从没放弃过。右手伤了就练左手，手指伤了无所谓，脚踝扭到只要能上场就绝不缺赛，背部僵硬，膝盖积水……一次次的伤病造就出来的，只是更强的科比·布莱恩特。于是你看到的永远如你从科比口中听到的一样——"只有我才能使自己停下来，他们不可能打倒我，除非杀了我，而任何不能杀了我的就只会令我更坚强。"

当然，想要成功绝不是说一句励志语那么简单，相同的话与他同时代的很多人都曾说过，但现在我们发现，有些人黯然收场，有些人晚景凄凉，有些人步履蹒跚，96 黄金一代，能与年轻人一争的就只剩下了科比。

"在奋斗过程中，我学会了怎样打球，我想那就是作为职业球员的全部，你明白了你不可能每场都打得很好，但你不停的奋斗终会有好

事到来的。"这就是科比，那个战神科比。

在很多时候，我们似乎更倾向于一种"天才论"，认为有一种人天生就是做某项工作的料，所以在某一领域尤为突出的人，时常被我们称之为"天才"。譬如科比，你可能认为他就是个篮球天才，的确，这需要一定的天赋，但若真以天赋论，科比不及同时代的麦格雷迪，若以起点论，科比更不及同年的选秀状元艾弗森，何以如今有如此不同的境遇？答案就是勤奋，是异于常人的勤奋造就了一个13号不朽的传奇。

没有人能只依靠天分成功。上帝给予了天分，勤奋将天分变为天才。勤奋，是成功的根本。没有了勤奋，就算再有天赋，也不可能有大的成就。

春天不播种，夏天就不会生长，秋天就不能收割，冬天就不能品尝。人类要在竞争中生存，便要勤奋，要在社会中发展，便要奋斗。古往今来，任何的成功与收获，无不是脚踏实地，艰苦卓越，勤奋辛劳的结果。

一个人不必天生强悍，须知道勤能补拙

如果你天生平凡，那你就要比别人努力，而且不能放弃希望！如果早早做好计划，早早做好准备，尽早做出行动，就算是小笨鸟也会

篇一 一个人，一个梦，往下走，别停留

有肥肥的虫儿吃，等那些自以为聪明、懒洋洋慢吞吞的鸟儿起来忙着找虫吃时，早起的鸟儿早已吃得饱饱，精气十足地开始了新一天的生活。

人生的路上也是如此，假如我们昨晚能够多准备几分钟，那么今天就会少几个小时的麻烦。要想在激烈的竞争中走在别人前面，那么就要早些打点行装，开始上路。即使早行的路上会有薄雾遮眼，晓露沾衣，但只要朝着东方跋涉，我们必然会成为最早迎接朝阳的人。

从小他就不喜欢在人前说话，口吃让他生活在阴影里。孤寂的日子里，他爱上了音乐，他发现唱歌比说话更有意思。

一个口齿伶俐的人学习唱歌都不是简单的事，更何况他连话都说不流畅。但他心中的渴望融进了血液，他发了疯似地拼命练习。

终于有一天，动人的歌声从他嘴里传了出来，没有一丝的磕绊。

这年，他18岁了。他参加了一个歌唱选秀比赛，并凭借动人的嗓音一举夺魁。他叫哈里森·克雷格，第二季《澳大利亚好声音》歌唱比赛的冠军，一个严重口吃患者。

记者问他成功的秘诀，他说："闷在水壶里的水要想探出头，就只能让水沸腾起来，冲开盖子。我只不过是把百分百的热情和努力都投入了进去，让自己沸腾起来，冲破盖子。"

记者又问："那盖子要一时冲不开呢？"

他笑了："让水持续沸腾着，总会把盖子冲开，发出成功的呼啸。"

如果说命运故意为难加一个让人痛苦的盖子，那么追寻梦想的心就是火，行动就是让火不停歇燃烧的柴。不懈地努力，终究会把生活

这锅水烧沸腾，顶开加载在上面的苦难盖子。

　　一个人不必天生能干，重要的是勤能补拙，不断地积累经验，提升能力。古往今来，凡有大作为、大建树的人，都有一些共同的特质：做事勤奋、行动力强。在生命中的每一个阶段，努力学习、不断坚持。那些伟大的成功者，在成就一番事业之前，都曾付出过艰辛的努力。那些大家们的才华也绝不是天生的，他们不畏艰难、不惧寂寞，他们的付出永远都会比别人多。辛苦是什么？勤奋。勤奋磨尖了你才华的刀刃，让你在知识的海洋中劈波斩浪，并且让你面对困难迎刃而解。

　　其实仔细想想，也许每个人都应该把自己当成一只笨鸟，一直埋头啄啊啄，有天猛然抬头一看，天啊！我竟然造出了比其他小鸟更牢固更温暖的窝。

如果你愿意努力，好运也愿意眷顾你

　　生活中常有人把成与败归结于命运，认为一旦它故意找碴儿，无论自己怎么做，都不会有好的结果。于是我们看到，很多人都在抱怨，抱怨上天不公，抱怨自己怀才不遇，乃至因此不思进取、自暴自弃，最终沦为时代的淘汰品。那么，为什么一块普通铁，在某些铁匠手中

篇一　一个人，一个梦，往下走，别停留

能够成为将军手中的利刃，而在另一些铁匠手中，只能成为农夫手中的锄犁？答案很简单，前者精于本业，不断锤炼自己的专业技能，后者不思进取，只求草草谋生。

所以，与其抱怨别人不重视我们，不如反省自己，不断提高自己的能力。倘若我们能够在自己所处的领域中，以饱满的热情、以一丝不苟的态度、以不断进取的精神，去迎接看似枯燥乏味的事业，我们就能实现自己的人生价值，得到相应的荣耀与肯定。

经济萧条时期，钱很难赚。一个孝顺的小男生想找个工作替父母分忧，他的运气还算不错，真的有一家商铺想招一名推销员。小男生决定去试试。结果，跟他一样，共有7个小男生想在这里碰碰运气。店主说："你们都非常棒，但很遗憾，我只能在你们中间选一个。我们不如来个小小的比赛，谁最终胜出了，谁就能留下来。"

这样的方式不但公平，而且有趣，小伙子们都同意了。店主接着说："我在这里立一根细钢管，在距钢管2米的地方画一条线，你们都站在线外面，然后用小玻璃球投掷钢管，每人10次机会，谁投中的次数多，谁就胜了。"

结果呢？——谁也没有投中一次，店主只好决定明天继续比赛。

第二天，只来了3个小男生。店主说："恭喜你们，你们已经成功淘汰了4名竞争对手。现在比赛将在你们3人中间进行。"

接下来，前两个小男生很快掷完了，其中一个还掷准了一次钢管。

轮到这个有孝心的小男生了。他不慌不忙地走到线前，瞄准钢管，将玻璃球一颗颗地掷了出去，他一共掷准了7颗！

店主和另外两个小伙伴都惊呆了！——这几乎是个依靠运气取胜的游戏，好运为什么会一连七次降临在他头上？

"恭喜你，小伙子，你赢了，可是你能告诉我，你胜出的诀窍是什么吗？"店主说。

小男生眨了眨眼："本来这比赛是完全靠运气的，不是吗？但为了赢得运气，我一晚上没睡觉，都在练习投掷。我想，如果不做任何练习，10次中掷准一次，就算是运气最好的了，但做过训练以后，即使运气最坏，10次中也应该能掷准一次，不是吗？"

要完成某项工作，需要的是技术，要努力使它变得完美，则是一门艺术；事业的成功，有运气的成分在里面，但勤奋却能使好运更容易降临。

人的力量和才能，只有在不断的运用中才能得到发展。如果你只付出了一半的努力，并就此满足，那么你就浪费了另一半才能；如果你认为自己完全可以从事更重要的工作，而现阶段你的工作又微不足道，那么你完全不必为此感到伤心和烦躁，你要知道，只要你具备非凡的才能和卓越的品质，不管你的处境多么艰难，终有一天会成功的。

20世纪70年代初，美国麦当劳总公司看好中国台湾市场。打算正式进驻中国台湾市场之前，他们需要在当地先培训一批高级干部，于是进行公开的招考甄选。由于要求的标准颇高，许多初出茅庐的青年企业家都未能通过。

经过一再筛选，一位名叫韩定国的某公司经理脱颖而出。最后一轮面试前,麦当劳的总裁和韩定国夫妇谈了三次,并且问了他一个出人意料的问题:"如果我们要你先去洗厕所,你会愿意吗?"韩定国还未及开口,一旁的韩太太便随意答道:"我们家的厕所一向都是由他洗的。"总裁大喜,免去了最后的面试,当场拍板录用了韩定国。

后来韩定国才知道,麦当劳训练员工的第一堂课就是从洗厕所开始的,因为服务业的基本理论是"非以役人,乃役于人",只有先从卑微的工作开始做起,才有可能了解"以家为尊"的道理。韩定国后来所以能成为知名的企业家,就是因为一开始就能从卑微做起,干别人不愿干的事情。

所以,别再抱怨了!当抱怨成习惯,就如喝海水,喝的海水越多渴得越厉害。最后发现,走在成功路上的都是些不抱怨的人。世界不会记得你说过什么,但一定不会忘记你做过什么!无论处于何种境地,无论我们所从事的事业是多么琐碎,一旦承担下来,就要把它做精、做好,这是生存的准则。要知道,只有在小事上细心勤勉的人,才能被委以重任;只有竭尽全力投身于工作之中,不断超越、完善自身能力的人,才有进一步发展和提升自己的空间。

想成为第一流的人，就去做第一流的努力

要做就做最好，只要有1%的希望，就付出100%的努力——这是那些成功者能够创造自身发展奇迹的一个关键所在。如果你也希望创造人生的奇迹，你当然也需要这样去做。如果你是一个工人，你就要竭尽全力成为技术尖兵；如果你是一名销售员，你就要竭尽全力成为最好的销售员；如果你是一名教师，你就要全力以赴成为最好的老师；如果你是一名医生，你就要全力以赴使自己成为医术最高明的医生；如果你要去创业，就要有心成为千万创业者中最成功的那一位……总而言之，你要尽可能在自己所处的领域中达到自己所能达到的最好程度。也许你不能名垂青史，但你的确能够成为同行业中最好的那一个！

土生土长的温州人周大虎毕业以后进入当地邮电局工作。刚开始，他的工作很简单，就是扛邮包。这虽是个体力活，但是，要强的他却经常叮嘱自己："要做就做最好，搬运工干好了也能干出名堂！"

在这样一种积极上进的思想指引下，他的工作做得果然很出色。很快，就得到了领导的肯定，将他提了干。他成为干部以后，做事更认真、踏实了，他竭尽全力要做到更好，绝不辜负领导的栽培。

篇一　一个人，一个梦，往下走，别停留

就这样，他很快又被升了职，调到局里为解决职工家属就业而专门成立的服务公司去当领导。到新岗位的第一天，他就给自己定下一个目标："一定要把这项工作做到最好，让手下这些临时工享受和正式工一样的待遇！"

于是，经过他的用心工作，他的目标很快就实现了。

几年以后，他的妻子意外下岗了，拿到了5000元的安置费。头脑灵活的周大虎便以此为资本开始创业，在家里开起了生产打火机的作坊。

由于他处处争强好胜，很快就将打火机生意做得风生水起，大获成功。

当时，打火机销售非常火爆，当地的各家生产商都有做不完的订单，大家为了节省时间和成本，就开始偷工减料。但是，周大虎却没有效仿他们。因为"要做就做最好，永远做强者"的念头一天也没有从他脑海里消失，他是不会冒着自砸招牌的危险去"饮鸩止渴"的。

他依然毫不松懈地严把质量关，把每一笔订单都做到最好。市场自有公论，很快，"虎牌"打火机在市场上的优势就凸显了出来。从此以后，周大虎的订单猛增。而那些浑水摸鱼、生产劣质打火机的商家却因为接不到订单而先后关门了。

如今，周大虎公司生产的金属外壳"虎牌"打火机，已经有了全球打火机市场百分之九十之多的份额，成功击垮了很多国际大公司，彻底坐稳了打火机行业老大的地位。

总结周大虎的成功经验，他的一句话很能说明问题，他说："我这

个人有一点，做什么都想做到最好。"

什么都要做到最好，这就是周大虎成功的诀窍。假如不是一心想着做最好的哪一个，他不会从一个搬运工成为干部；假如不是一心想着做强者，他不会从几千块钱开始做到今天的亿万富翁。

其实，世上除了生命的长短我们无法设计，没有什么东西是天定的；只要你愿意设计，你就能掌握自己、突破自己。所以从现在起，从每一件小事情做起，把每一件事情做到最好，这是对于一个出色之人的最起码要求，不论做什么事，别做第二个谁，就做第一个我，要做就把事情做到最好。

如果把成功比作我们前进的方向，那么"要做就做最好"就是我们成功的方法。有了方法和方向，并为之付出相应的努力，我们的理想就会成为现实。

第四章　坚持着，走下去，别在快要成功的时候选择逃离

> 只有一条路不能选择——那就是放弃的路；只有一条路不能拒绝——那就是成长的路。你要的比别人多，就必须付出得比别人多。

别人越泼冷水，自己越要信心十足

心爱的东西不见了，可以再去买；钱花光了，可以再赚回来；唯独梦想若是被偷走了，就难以再寻觅回来。但除非你愿意，否则没有人可以偷走你的梦想。

一个23岁的女孩子，除了爱想象之外，与别人相比没有什么不同，平凡的父母，平常的相貌，上的也是一般的大学。

大学的宽松环境让她有了更多的时间去想象，她的脑海中常会出现童话中的情景：穿着白衣裙的芭比娃娃、蔚蓝的天空、碧绿的草地。

当然；还有巫婆和魔鬼……他们之间有着许多离奇的故事，她常常动手把这些故事写下来，并且乐此不疲。

在大学里，她爱上了一个男孩，他的举止和言谈真的和童话里的王子一样，他是她想象中的"白马王子"，她很爱他，但是，他却受不了她的脑海中那荒唐的不切实际的想法。她会在约会的时候突然给他讲述一个刚刚想到的童话，他烦透了这样"幼稚"的故事。他对她说："天啊，你已经23岁了，但你看来永远都长不大。"他弃她而去。

失恋的打击并没有停止她的梦想和写作。25岁那年，她带着改变生活环境的想法，来到了她向往的具有浪漫色彩的葡萄牙。在那里，她很快找到了一份英语教师的工作，业余时间继续写她的童话。

一位青年记者很快走进了她的生活，青年记者幽默、风趣而且才华横溢。她爱上了他，他们很快步入了婚姻的殿堂。但她的奇思异想让他也无法忍受，他开始和其他姑娘来往。不久，他们的婚姻走到了尽头，他留给她一个女儿。

她经受了生命中最沉重的一击。祸不单行的是离婚不久，她又被学校解聘了。无法在葡萄牙立足的她只得回到了自己的故乡，靠社会救济金和亲友的资助生活，但她还是没有停止她的写作，现在她的要求很低，只是把这些童话故事讲给女儿听。

终于有一次，她在英格兰乘地铁，她坐在冰冷的椅子上等晚点的地铁到来，一个人物造型突然涌上心头。回到家，她铺开稿纸，多年的生活阅历让她的创作热情一发不可收拾。

她的长篇魔幻故事《哈利·波特》问世了，并不看好这本书的出版商勉强出版了这本书，没想到，一上市就畅销全国，达到了数百万册之巨，所有人都为此感到吃惊。

她的名字叫乔安娜·凯瑟琳·罗琳，她被评为"英国在职妇女收入榜"之首；被美国著名的《福布斯》杂志列入"100名全球最有权力的名人"，名列第25位。

每个人都会有想象，但想象最终总被岁月无情地夺去，只留下苍白而又简单的色彩。在这个世俗而又讲求物质的社会中，人们总是认为梦想与成功之间的距离遥不可及。其实并不是如此，成功与失败的分水岭其实就是能否将自己的想象坚持到底。

只要你紧握住梦想，就不用怕别人的冷嘲热讽，因为他们无法再次偷走你的梦想。而所有偷梦者泼向你的冷水，正足以灌溉你梦想的种子，使之茁壮成长为大树。你应感谢他们给你的冷水，真心地感恩，因为待你梦想成真之后，你将与他们分享。

既然目标选择地平线，留给世界的只应是背影

在追求成功的道路上，每一分钟我们都有可能遇到困难。也许今天很残酷，而明天更残酷，但后天则会很美好，而许多人却在明天晚上选择了放弃，所以看不到后天的太阳。容易放弃的人是看不到最后

的阳光的。"骐骥一跃，不能十步；驽马十驾，功在不合。"成功绝非一蹴而就的事情，关键在于你能否持之以恒。当困难阻碍你前进的脚步之时、当打击挫伤你进取的雄心之时、不要退避、不要放弃，如果是你自己选择的路，那么就算跪着也要把它走完。

勒格森的旅程源自于一个梦想——他希望能像心目中的英雄亚伯拉罕·林肯、布克·T.华盛顿那样，为他自己和自己的种族带来尊严和希望；能像心目中的英雄一样，为全人类服务。不过，要实现这个目标，他必须去接受最好的教育，他知道，要实现那个愿望，必须要前往美国。

他未曾想过自己毫无分文，也没有任何的办法支付船票。

未曾想过要上哪所大学，也不知道自己会不会被大学所接受。

他未曾想过这一去便要走3000英里之遥，途经上百个部落，说着50多种语言，而他，对此一窍不通。

他什么都没多想，只是带着自己的梦想出发了。在崎岖的非洲大地上，艰难跋涉了整整5天，格勒森仅仅行进了25英里。食物吃光了，水也所剩无几，他身无分文。要继续走完后面的2975英里似乎不可能了。但他知道，回头就是放弃，就是要重归贫穷和无知。他暗暗发誓：不到美国我誓不罢休，除非我死了。

他大多时候都幕天席地，他依靠野果和植物维生，艰难的旅途生活使他变得又瘦又弱。

一次，他发了高烧，新亏好心人用草药为他治疗，才不致有生命危险，这时的勒格森几欲放弃，他甚至说："回家也许会比继续这似乎

篇一 一个人，一个梦，往下走，别停留

愚蠢的旅途和冒险更好一些。"但他并没有这样做。

2年以后，他走了近1000英里，到达了乌干达首都坎帕拉。此时，他的身体也在磨炼中逐渐强壮起来，他学会了更明智的求生方法。他在坎帕拉待了六个月，一边干零活，一边在图书馆贪婪地汲取知识。

在图书馆中，他找到一本关于美国大学的指南书。其中一张插图深深吸引了他。那是群山环绕的"斯卡吉特峡谷学院"，他立即给学院写信，述说自己的境况，并向学院申请奖学金。斯卡吉特学院被这个年轻人的决心和毅力感动了，他们接受了他的申请，并向他提供奖学金及一份工作，其酬劳足够支付他上学期间的食宿费用。

勒格森朝着自己的理想迈进了一大步，但更多的困难仍阻挡着他。

要去美国，勒格森必须办理护照和签证，还需证明他拥有可往返美国的费用。勒格森只好再次拿起笔，给童年时教导过自己的传教士写了封求助信，护照问题解决了，可是勒格森还是缺少领取签证所必须拥有的那笔航空费用。但他并没有灰心，他继续向开罗行进，他相信困难总有办法解决。他花光了所有积蓄买来一双新鞋，以使自己不至于光着脚走进学院大门。

正所谓"苦心人，天不负"，几个月以后，他的事迹在非洲以及华盛顿佛农山区传得沸沸扬扬，人们被他这种坚毅的精神感动了，他们给勒格森寄来650美元，用以支付他来美国的费用。那一刻，勒格森疲惫地跪在了地上……

经过两年多的艰苦跋涉，勒格森终于如愿进入了美国的高等学府，仅带着两本书的他骄傲地跨进了学院高耸的大门。

故事到这里还没有结束，毕业后的勒格森并没有停止自己的奋斗。他继续深造，最后成为英国剑桥大学的一名权威学者。

换和是你，能做得到吗？从遥远且交通不发达的非洲一路艰辛跋涉、风餐露宿、食不果腹，完全是凭着毅力实现了梦想。倘若人人都有这种精神，世界上还有什么事情能够难倒我们？正所谓"性格决定命运"，每个人的性格对成就自己一生的事业都是相当重要的，性格坚强者，会无所畏惧地去做艰难之事；胆怯者只能一步一步避开困难，让自己畏缩在"鸟语花香"之中。这些性格的差异，直接导致人们能否成功。

有人总将别人的成功归咎于运气。诚然，是有那么一点点运气的成分，但运气这东西并不可靠，你见过哪一个英雄是完全依靠运气成功的？而执着，却能使成功成为必然！

在梦想即将破产的时候，坚持，能够让它重生

人生是一个不停遭遇困难并解决困难的过程，这个过程时而短暂、时而漫长。当你面对这些不利境况的时候，唯一能做的就是坚持——挺过生命的低谷期，挺过走投无路的艰难期，唯有挺住，才能让你看到"柳暗花明又一村"的精彩。

世界电器之王松下幸之助，将松下电器公司从一个只有3人的小作坊做成了一个拥有职工5万人的跨国大集团。虽然经历很多次经济危机的严重冲击，但是它还是在世界电器行业稳稳地站住了脚跟，而很多同行的、非同行的企业却濒临倒闭。人们在惊叹幸之助传奇经历的时候，是否也应该惊叹他善于"挺"的能力呢？就如《松下幸之助创

篇一　一个人，一个梦，往下走，别停留

业之道》前言中所说的那样——"坚持＝成功"。

1898年，幸之助4岁，原本殷实的家境开始没落，生活变得非常拮据。面对生活带给自己的考验，幸之助没有退缩，努力做自己力所能及的家务活。

同年，幸之助的大哥、二哥和大姐先后因病逝去，幸之助被迫辍学，到大阪一家做火盆买卖的店里当学徒。他依然没有被生活的残酷所吓倒，而是勤学好问，做好自己的本职工作。

幸之助创办松下电器公司之初，所有的钱加在一起才只有100日元，支持他的总共有4个人：两位老同事森田延次郎、林伊三郎，加上他的妻子和内弟井植岁男。资金不足，人员不足是摆在面前的实实在在的困难，但是幸之助没有退缩，他选择了接受现实：用100日元和5个工人创办了自己的企业。后来，因为经营不善，两位老同事相继离开，只剩下幸之助夫妇和内弟3个人仍苦苦地支撑着，艰难地挺过一天又一天。

终于在坚持中，幸之助迎来了第一个订单——1000只电灯底座……随后的道路开始步入正轨。

回想那段时光，幸之助深有感触地说："那段时间真是异常艰难，甚至连最起码的生活都成问题。"

松下幸之助的成功，正得益于他的坚持，否则，现在就没有了松下，世上的人也不会知道日本有个幸之助。

很多人的失败，不是因为没有能力，不是因为没有机遇，而是因为看不到前景而迷失方向，轻言放弃。就像那些对现实生活绝望的人

一样，因为看不到明天，看不到希望而选择草率地结束自己的生命。

因此，在你即将放弃的时候，不妨给自己描绘一下美丽的前景，让自己看到美丽的明天，用明天的美丽来唤起今天努力的激情。与其说这是在"诱惑"自己，不如说是在引导自己，引导自己坚持梦想，引导自己挺起胸膛迎接风雨之后的彩虹。

篇二
此心不惊不乱，自然自在安详

　　庸俗的心灵，绝不能了解慈祥的世界对于一个受难的人的安慰。只要是庄严伟大的，都是对人有益的。痛苦的极致就是解脱。压抑心灵，打击心灵，致心灵于万劫不复之地的，莫如平庸的痛苦，自私而猥琐的烦恼。

第一章　无须羡慕，不必忌妒

生活的很多苦恼，都来自没有意义的羡慕和攀比，所以别再拿"化了妆"的别人，去对比"素颜"的自己，因为你不知道别人的"妆面"掩盖了多少背后的努力和不为人知的瑕疵，也不确定所有闪耀的人，是不是都有传说中那么好。

在赢得整个世界之前，请先爱上自己

不喜欢自己的人，总有一箩筐的理由：我太矮、我有青春痘、我不擅长交际、我没什么学问、我家境贫寒、我父母的工作不体面……

喜欢自己的人，却不一定说得出多么冠冕堂皇的理由。他们喜欢自己，并不盲目，他们不相信自己是十全十美，反而清楚地认识到自己和其他人一样，具有很多缺点。只不过，他们愿意接受自己的一切，一切的优点和缺点，不企图掩饰，不刻意改变，当然，更不会痴妄地羡慕他人。

喜欢自己，是快乐的起点。

人，天生不平等，有美丑胖瘦、高矮贫富，但是也有公平的一面，所有的好条件与所有的坏条件，都不会同时集中在一个人的身上。仔细思索，美丽的人或许太懒惰，以致一事无成；而能干的人可能过于操劳，损害了身体；富有的人纵情声色，未必能保有美满的家庭；有学问的人自律严谨，说不定也会失去发财的机会。这样想来，人人都有所得，却也不自觉地失去了什么。

只有喜欢自己的人才知道，快乐的秘密不在于获得更多，而在于珍惜已有的一切。能深刻检点自己所拥有的幸福，就会明白，其实人人都蒙受着恩宠，享有莫大的福气。

没有人能确切明白自己是不是真的受人欢迎，可是每一个人都可以扪心自问：我是不是喜欢自己？

心理学家凯特发现，要让他人喜欢真正的你，就应该培养喜欢自己的特质。或许你会感到十分惊讶，因为一般人认为可以吸引人的美貌、魅力、人际关系等等，并不是你需要具备的特质。

这个世界上有很多人生来既不美丽，又不富有，可是却能受到朋友的喜爱，最重要的原因是：他们真心喜欢自己。

假如你能接纳心理学家凯特的建议，或许你也能轻易成为一个喜爱自己的人。

喜欢自己，其实很简单。你无须换上漂亮的衣服，变副讨人喜欢的面孔，说些迎合他人的言语，只要你静下心来，学习看重他人、看重自己，培养成熟独立的个性，你就向"喜欢自己"这个目标，迈进

了一大步。

现在，你应该问问自己：谁是这个世界上最重要的人呢？

正确的答案应该是：我自己。

你在忙着想赢得整个世界的肯定之前，别忘记先讨好最重要的一个人——学会喜欢自己，接纳你自己。

既要承担生命责任，也要学会为自己而活

著名畅销书作家泰德曾经写过一本书《为自己活着》，一经出版后立刻造成轰动，迄今创下已印刷 70 余版的纪录。

泰德在书中阐释一种自由主义的思想，鼓励每个人没必要跟从世俗标准随波逐流，而是应该依自己的方式去选择有价值的人生，使自己活得快乐、活得自由。你活得快乐吗？自由吗？读这本书的人都觉得"心有戚戚焉"，因为他们的心事被看穿，他们发现自己这辈子为了父母而活、为了配偶而活、为了子女而活、为了房屋贷款而活、为了取悦老板而活、为了身份地位而活……总之，有各种"为别人活"的理由，却始终没有为"自己"好好活过。

为了别人而活，经常使人陷入进退两难的境地，他们过着不快乐的生活，做着不合志趣的事，即使是他们当中不乏外表看起来功成名

就的人，但他们心中仍有一种想"冲破现状"的欲望。

你是不是会有这样的感受？虽然职位越来越高，薪水也日益上涨，但这并不是你想过的生活，纵使人人羡慕你，但其实这些表象只不过是生活无趣的"安慰品"罢了，你心里想的很可能只是散散步、种种花、饲养动物、看几本好书、和好友把酒言欢这些再简单不过的事情而已。

歇尔女士是美国有名的心理专家，同时也是《热情过活》的作者。歇尔经常受邀为企业做生意咨询，她观察到，尽管很多人事业发展得很快，却越来越失落，因为这些人未找到正确的生活轨道，所以常常会感到焦躁不安。歇尔比喻道："这就好像是在高速公路上往错误的方向加速前进，但又不见回转道。"

歇尔同时发现，很多人都犯了相同的错误：误以为"能力"等于"快乐"。但是，一人"能"做的事，并不一定就是他"想"做的事。例如：一个"能"赚200万元年薪的人，他"想"做的也许只是陪心爱的小女儿玩游戏。

美国人曾经做过一个调查，得出的结果出乎意料，竟然有高达98%的人工作不快乐，他们之所以继续待在原来的位置，并非完全是受制于经济因素，而是不知道自己还"想"做些什么。即使他们"想"为自己活，却找不到"着力点"。

要找出自己真正想过的生活，其实并非难事，最直接的方法就是从你的兴趣寻找线索。你可以问自己几个问题：在过去的经验里，有哪些令你振奋的嗜好？比如说，维持基本的物质需求无虞，你会把剩

余的时间、精力用在哪里？

你是不是花了太多的力气去追逐身外之物，或者为了满足别人，而把自己内心的真爱丢弃不顾？人要活给自己看，就要去做自己喜欢的事。穷毕生之力做自己不喜欢的事，谈何"为自己活"？不为自己而活，人生又有什么意义可言？

真实的自己，就是真正的自我。人们活着，不知道还有另一个自己，这就如同鱼天天在水中游着，却不知有水一样。有一位诗人曾说："要爱自己，只有时时刻刻凝视着真实的自己。"然而，当代人在看自己时却模糊不清，原因是离真实的自我越来越远。如果你能每天花几秒钟仔细看看自己的眼睛，你将发现真实的自己。

生活的山青水秀，需要一种维护本真的心境

"兰生幽谷，不为莫服而不芳；舟在江海，不为莫乘而不浮。"生命是自己的，无须因为没有别人的赏识，而刻意将自己改造成别人喜欢的模样，曲意逢迎，苦的最终还是自己。人，只有活得真实才能活得踏实。海市蜃楼再壮观，总会消失的。如果背叛了生命的真实，戴着最虚伪的面具活着，总会有一种空度一生的感觉袭来，敏感的灵魂总能预见到深刻的困境。

篇二　此心不惊不乱，自然自在安详

莫莉太太从小就特别敏感而腼腆，她的身体一直太胖，而她的一张脸使她看起来比实际还要胖得多。莫莉有一个很古板的母亲，她认为把衣服弄得漂亮是一件很愚蠢的事情。她总是对莫莉说："宽衣好穿，窄衣易破。"而母亲总照这句话来帮莫莉穿衣服。所以，莫莉从小就习惯于把自己包裹在肥大的衣服里，也越来越觉得自己肥胖丑陋。她变得非常自卑。莫莉从来不和其他的孩子一起做室外活动，甚至不上体育课。她非常害羞，觉得自己和其他的人都"不一样"，完全不讨人喜欢。

长大之后，莫莉嫁给一个比她大好几岁的男人，他对她很包容，可是她并没有改变自己的个性。她丈夫一家人都很好。莫莉尽最大的努力要像他们一样，可是她做不到。他们为了使莫莉开朗而做的每一件事情，都只是令她更退缩到她的壳里去。莫莉变得紧张不安，躲开了所有的朋友，情形坏到甚至怕听到门铃响。莫莉知道自己是一个失败者，又怕她的丈夫会发现这一点，所以每次他们出现在公共场合的时候，她都假装很开心，结果常常做得太过分。事后，莫莉会为此难过好几天。最后不开心到使她觉得再活下去也没有什么道理了，莫莉开始想自杀。

后来，是什么改变了这个不快乐的女人的生活呢？只是一句随口说出的话。

有一天，她的婆婆正在谈怎么教养她的几个孩子，她说："不管事情怎么样，我总会要求他们保持本色。"

"保持本色！"就是这句话！在那一刹那，莫莉才发现自己之所

以那么苦恼,就是因为她一直在试着让自己适应一个并不适合自己的模式。

莫莉后来回忆道:"在一夜之间我整个改变了,我开始保持本色。我试着研究我自己的个性、自己的优点,尽我所能去学色彩和服饰知识,尽量以适合我的方式去穿衣服,主动地去交朋友。我参加了一个社团组织——起先是一个很小的社团——他们让我参加活动,把我吓坏了。可是我每发过一次言,就增加了一点勇气。今天我所有的快乐,是我从来没有想过可能得到的。在教养我自己的孩子时,我也总是把我从痛苦的经验中所学到的结果教给他们:'不管事情怎么样,总要保持本色。'"

芸芸众生,唯有个性派生出的本真,才会营造出美来。也许我们并不能让所有人满意,但至少我们可以让自己满意。只要我们有那份安然与恬静的坚守,就可以不去惊扰别人,也不让别人搅扰自己。

摘下厚重的面具,别让生活过度戏装化

有些人可能习惯了戴着面具生活,他们煞费苦心地掩盖自己的某些不足和缺陷、身世和背景,或是将自己置身于一个虚幻的境界之中,这是非常无知和自卑的。这些人企图以一个十全十美、无所不能的形

篇二　此心不惊不乱，自然自在安详

象出现在别人面前，以此来博得大家的爱戴和尊敬，殊不知，这样做是徒劳无益的，到头来反而还会使自己落到非常尴尬的境地。因为假的、虚的东西，总是非常短命的，就像烟雾再浓密总会散去、彩虹再美总是短暂、海市蜃楼再壮观总会消失一样，虚伪就如同大雪覆盖下的荒原，春天到来，冰雪融化，贫瘠、荒凉的面貌就会暴露无遗。

曾看到这样一个故事，很值得我们深思。

有一位女子，出身在一个平常的家庭，做一份平常的工作，嫁了一个平常的丈夫，有一个平常的家，总之，她十分平常。

忽然有一天，报纸大张旗鼓地招聘一名特型演员，饰演王妃。

她的一位好心朋友替她寄去一张应聘照片，没想到，这个平常女子从此开始了她的"王妃"生涯。

太艰难了，她阅读了大量关于王妃的书，她细心揣摩王妃的每一件心事，她一再地重复王妃的一言一行、一颦一笑……

不像，不像，这不像，那也不像！导演、摄影师无比挑剔，一次又一次让她重来……

现在，平常女子已能驾轻就熟地扮演"王妃"了，进入角色已无须费多少时间。糟糕的是，现在她想要回复到那个平常的自己却非常困难，有时要整整折腾一个晚上。每天早晨醒来，她必须一再提醒自己"我是XX"，以防毫无理由地对人颐指气使；在与善良的丈夫和活泼的女儿相处时，她必须一再地告诉自己"我是XX"，以避免莫名其妙地对他们喜怒无常．

平常女子深有感触的对人说："一个享受过优厚待遇和至高尊崇的

人，回复平常实在太难了。"

说这话时，她仍然像个"王妃"。

所谓假作真时真亦假，许多人都是这样被"戏装"异化了，以至于曲终人散后，还卸不下妆来，也找不到自己。蓦然回首，那些希冀着的，仍需希冀，那些渴盼着的，仍需渴盼。唯独改变了的是自己的本性。扪心自问："我是否在意过自己最真实的内心世界？尊重过自己的本性？"心确实会告诉我们那个最真实的答案。

人活着不是装给别人看的，不是为别人的观念而活着的。每个人都有每个人的活法，为什么要让别人肯定，自己心里才会舒服呢？莫不如活得真实一些，也许我们身上穿的不是绫罗绸缎，戴的不是翡翠玉石，但我们的内心深处，同样可以拥有一种坦然，一种摆脱一切伪装的自在。

我们要活得真实一些，去面对现实，面对理想与现实之间的差距，只有这样，我们才会稳下心来，为自己的理想与生活去打拼，才能展现出我们自己真正的实力；也只有这样，我们的腰杆才能直直地挺起，才不会在朋友面前谈到自己时，心里发虚。

篇二　此心不惊不乱，自然自在安详

第二章　你的名字不是卑微，所以不要把头低垂

一个人的成败取决于他是否自信，假如这个人是自卑的，那自卑就会扼杀他的聪明才智，消磨他的意志。只有驱除自卑的心，自信起来，弯曲的身躯才能挺直；只有使懦弱的体魄健壮起来，脚步才能大叔地迈开。

人们不太看重自己的力量，这就是他们软弱的原因

1983年，长沙某学院的一名男生卧轨自杀。他来自边远山区的一个贫寒之家，父母含辛茹苦将他拉扯大，他却走向了自我毁灭之路，留给亲人无限的悲痛。后来根据对其他同学的调查和他的日记发现，他的自杀只是源于自卑。因为他的身高不足一米六，虽然他身体健康，但只是出于审美习惯的缘故，他觉得自己在别人的眼里是个二等残废，

是社会的弃儿，活着已经没有什么意思了。

严重的自卑和自我压抑会导致自杀。这种惨痛的结局在年轻人中极其常见。

某大公司招聘职员，有一位刚毕业的应聘者面试后，等待录用通知时一直惴惴不安。等了好久，该公司的信函才寄到了他手里，然而打开后却是未被录用的通知。这个消息简直让他无法承受，他对自己的能力失去了信心，觉得再试其他公司也会一败涂地，于是服药自尽。

幸运的是，他并没有死，刚刚抢救过来，又收到该公司的一封致歉信和录用通知，原来电脑出了点差错，他是榜上有名的。这让他十分惊喜，急忙赶到公司报到。

公司主管见到他的第一句话却是："你被辞退了。"

"为什么？我明明拿着录用通知。"

"是的，可是我们刚刚得知你因为收到未被录用的通知而自杀的事，我们公司不需要连一点挫折打击都受不了的人，即使你再有能力，我们也不打算录用。因为公司今后可能会出现危机，我们需要员工能不畏艰难与公司共存亡，如果员工自己都无法克服自卑和恐惧心理，怎么能让公司转危为安？"

自卑的心态就像一条啃啮心灵的毒蛇，不仅吸取心灵的新鲜血液，让人失去生存的勇气，还在其中注入厌世和绝望的毒液，最后让健康的肌体死于非命。

其实依正常人看来，以上的事情根本就算不了什么，如果这也可以成为自杀的理由，那么这个世界上该有多少人走向毁灭？这种对生命极不负责的行为来源于自卑。

自卑心理所造成的最大问题是不论你有多成功，或是不论你有多能干，你总是想证明自己是不是真的如此多才多艺。换句话说，许多人都倾向于为自己设定一个形象，而不肯承认真正的自我是什么。因为他们的想法总是倾向于自我认定的多。举个例子来说，如果你一直担心自己瘦不下来，每次在量腰围时你就会嘀咕一下，而完全忘了你的身体正处在最佳的健康状态。

你总是把自己认为的劣势时刻放在脑子里，时刻提醒自己存在着不足，并把这些不足和他人的优势相比较，因而，越比越觉得己不如人，越比越觉得无地自容，从而忽略了自己的优势，打击了自信心。事实上，"金无足赤，人无完人"。在你的眼里比较优越的人并不一定占优势；相反地，在他人的眼里可能你比他更优秀。

所以，有时你需要一点阿Q精神。况且你也该知道自卑往往会让你更消极、更萎靡，长期下去会形成自我压抑。

只有使自卑的心自信起来，弯曲的身子才能挺直

生活中，很多人常为了自己的贫穷而自卑，没有漂亮的衣服，没有气派的房子……其实物质上的贫穷是次要的，如果你的心灵贫穷，

你才真该为自己感到自卑。

人类有一样东西，是不能选择的，那就是每个人的出身。

有人生为王子，天地至尊，可有人天生乞丐，有如草芥；有人天生富贵，家财万贯，有人却一贫如洗，家徒四壁。

然而，真正的贫穷并不取决于物质的多寡，而在于心灵，心灵上的贫穷者才是真正的贫穷者。

"我出生在贫困的家庭里，"美国副总统亨利·威尔逊这样说道，"当我还在摇篮里牙牙学语时，贫穷就露出了它狰狞的面孔。我深深体会到，当我向母亲要一片面包而她手中什么也没有时是什么滋味。我承认我家确实穷，但我不甘心。我一定要改变这种情况，我不会像父母那样生活，这个念头无时无刻不萦绕在我心头。可以说，我一生所有的成就都要归结于我这颗不甘贫穷的心。我要到外面的世界去。在10岁那年我离开了家，当了11年的学徒工，每年可以接受一个月的学校教育。最后，在11年的艰辛工作之后，我得到了一头牛和六只绵羊作为报酬。我把它们换成几个美元。从出生到21岁那年为止，我从来没有在娱乐上花过一个美元，每个美分都是经过精心计算的。我完全知道拖着疲惫的脚步在漫无尽头的盘山路上行走是什么样的痛苦感觉，我不得不请求我的同伴们丢下我先走……在我21岁生日之后的第一个月，我带着一队人马进入了人迹罕至的大森林里，去采伐那里的大圆木。每天，我都是在天际的第一抹曙光出现之前起床，然后就一直辛勤地工作到天黑后星星探出头来为止。在一个月夜以继日的辛劳努力之后，我获得了六个美元作为报酬，当时在我看来这可真是一个大数目啊！每个美元在我眼里都跟今天晚上那又大又圆、银光四射的月亮一样。"

在这样的穷途困境中，威尔逊先生下定决心，一定要改变境况，绝不接受贫穷。一切都在变，只有他那颗渴望改变贫穷的心没变。他不让任何一个发展自我、提升自我的机会溜走。很少有人能像他一样理解闲暇时光的价值。他像对待黄金一样紧紧地抓住零星的时间，不让一分一秒无所作为地从指缝间溜走。

在他21岁之前，他已经设法读了1000本好书，这对一个农场里的孩子来说是多么艰巨的任务啊！在离开农场之后，他徒步到100里之外的马萨诸塞州的内笛克去学习皮匠手艺。他风尘仆仆地经过了波士顿，在那里可以看见邦克、希尔纪念碑和其他历史名胜。整个旅行只花了他一美元六美分。一年之后，他已经在内笛克的一个辩论俱乐部脱颖而出，成为其中的佼佼者了。后来，他在马萨诸塞州的议会上发表了著名的反奴隶制度的演说，此时距他到这里还不足8年。12年之后，他与著名的社会活动家查尔斯萨姆纳平起平坐，进入了国会。后来，威尔逊又竞选副总统，终于如愿以偿。

威尔逊生于贫困，然而他又是富有的。他唯一的、最大的财富就是他那颗不甘贫穷的心，是这颗心把他推上了议员和副总统的显赫位置，在这颗不竭心灵光辉的照耀下，他一步步地登上了成功之巅。

对于整个人类来说，贫穷只是一种状态，它永远不可能成为一种结果。因为人类绝不会永远安守贫穷，总是同它做不屈不挠的斗争，所以贫穷对整个人类来说，它只是一个动态的、不断被改变着的过程。

但具体到某一个人的身上,则可能是一种结果。对于个人来说,有可能安心地生活在贫穷之中,不思进取,屈辱地度过一生;也有可能奋起直追,获取财富。

无论你面对的是什么样的事实,心灵的贫穷都极其可怕,因为只有心灵的贫穷才是真正的贫穷。

别人怎么看待你,取决于你以什么样的方式看自己

美国科研人员进行过一项有趣的心理学实验,名曰"伤痕实验"。

他们向参与其中的志愿者宣称,该实验旨在观察人们对身体有缺陷的陌生人做何反应,尤其是面部有伤痕的人。

每位志愿者都被安排在没有镜子的小房间里,由好莱坞的专业化妆师在其左脸做出一道血肉模糊、触目惊心的伤痕。志愿者被允许用一面小镜子照照化妆的效果后,镜子就被拿走了。

关键的是最后一步,化妆师表示需要在伤痕表面再涂一层粉末,以防止它被不小心擦掉。实际上,化妆师用纸巾偷偷抹掉了化妆的痕迹。

对此毫不知情的志愿者,被派往各医院的候诊室,他们的任务就

是观察人们对其面部伤痕的反应。

规定的时间到了,返回的志愿者竟无一例外地叙述了相同的感受——人们对他们比以往粗鲁无理、不友好,而且总是盯着他们的脸看!

可实际上,他们的脸上与往常并无二致,什么也没有不同;他们之所以得出那样的结论,看来是错误的自我认知影响了他们的判断。

这真是一个发人深省的实验。原来,一个人内心怎样看待自己,在外界就能感受到怎样的眼光。同时,这个实验也从一个侧面验证了一句西方格言:"别人是以你看待自己的方式看待你。"不是吗?其实很多时候,导致我们人生糟糕的关键,就是我们的自我评价系统出现了问题,因为无法正确看待自己,我们把自己人生的高度设置得越来越低。

所以,无论如何别把自己看得太低,或许你才是大众的焦点。你没有必要太在乎别人的看法,因为你永远是你,没有人能够取代你。是的,不要把自己看得太低,否则你对不起很看好你的父母家人。就算你不能挡住别人俯视的视线,但你完全可以改变自己的位置,就算不能让他们仰视,但至少可以与他们比肩而立!

真的,不要把自己看得太低,你才是生命力的擎天柱,你更要为家人撑起一片天,你要将自己托起,托到一个足够高的位置。我们要学会用欣赏的眼光看自己,如此,才能消除自卑、树立自信,才能给命运带来转机,给生命带来机遇和色彩。

世界并没有我们想象的那么差。我们最不需要在乎的就是别人看

我们的目光，但我们必须在乎看待自己的方式。你的心若凋零，他人自轻视；你的心若绽放，他人自赞叹。人言不足畏，最怕妄自菲薄，当我们以自信的态度看待自己，在别人的眼里，当下的你就是最美的。

在别人都不看重你的时候，你更应该看重你自己

　　我们走过的路告诉我们，如果你想要很认真地活着，但别人不看重你，这个时候你一定要看重你自己；如果你希望得到更多的关注，但别人不在乎你，这个时候你一定要在乎你自己。你看重自己、在乎自己，别人才会看重和在乎你。

　　你最不能犯的错误，就是看低自己，其实每一个独立存在的个体，都有着别人无可替代的特点与能力。当别人的评价让你感到无可适从时，没关系，只要你知道曾经有一个独特的、与你气质相近的人成功了，那么就不必再为俗人的眼光而感到苦恼。对于别人的击打，你可以做出两种反应：要么被击垮，躲在角落里哭泣，朝着他们想看到的样子沉沦下去；要么选择无视，就做最真实、最好的你自己，坚持到底。结果是，前者会泯然众人，而后者往往会惊天动地。

篇二　此心不惊不乱，自然自在安详

他在北京求学时，为了生存不得不去卖报，不论刮风下雨，寒冬酷暑，而他卖报所得钱全部用来买国外有关物理方面的杂志，只剩下买馒头榨菜的钱。生活上的苦和人们别样的眼光他从没有怕过，但他经常要去听一些学术报告，每次头发乱蓬蓬，戴了一副700度的近视眼镜，只穿一双旧黄球鞋，不穿袜子的他成了门卫拦截的对象。

所有的苦，所有曾被人看不起的辛酸与那张波士顿大学博士研究生录取通知书相比，都是微不足道的。他就是留美博士张启东，他终于可以抬起头对所有看不起他的人说："你们看错了！"

如果说人生是一盘大餐，那么餐桌上必然有酸、甜、苦、辣。现实生活中，许多人因为各种原因总怕被人看不起，的确，十根手指伸出来还不一样长，每个人都会有不同的优缺点，或是生活贫困，或是自己其貌不扬，或是在公司里地位低下人微言轻，或是自己口才不好人缘较差、或是身体的先天残障，这都可能是被人看低的因素。其实，这所有的一切都不可怕，可怕的是你对待它的态度，一个人无论生存的环境多么艰难，都要有一颗自强自信的心，这是最重要的。

其实只要你愿意，太阳就会注视着你，月亮就会呵护着你。你完全可以"自恋"一些，就当那和煦的春风是为你而来，就当那五彩缤纷的鲜花是为你而开，就当那青青河边草是在为你的诗增添意境，就当那高山流水是在见证你生活的足迹，就当那自在飘来的白云是你忠实的幸福信使。这个世界，有一千个、一万个理由让你不要轻贱自己。

就算你现在的生活有点卑微，但那也只是就一时的境遇而言，绝不会是人格上的卑微，除非你甘愿自暴自弃。人生，有无数种开始的

可能，同样也有无数种可能的结果，今天的强者，曾几何时未必不是个弱者，由弱到强的转变，靠的就是心中始终憋着的那口真气——那口不愿低人一等、不愿随波逐流的人生志气，积聚起这口真气的关键就在于，他们自始至终没有看低过自己。

同样的，你也不能看低自己，就算我们的起点很低，但这并不意味着我们不能成功，如果没有10米跳台，那么我们就从1米跳台跳起吧。

伟大的追求，成就伟大的人生

什么是雄心？简单地说就是目标，就是理想、梦想，只不过这个理想的层次要更高一些。

这个时代太需要雄心了！在社会中，我们承担着消费者的角色，但与此同时，我们又是物质生活的受益者。想要牛奶和面包，我们就必须通过自己的双手或其他付出方式，赢得获取牛奶和面包的筹码。那么，你就只想拥有牛奶和面包吗？如果这样就知足，你注定只能过平庸的日子。

所以你必须把自己认定为"成功者"，要让自己成为一个有雄心的人。现实很明显，你的位置不高，你在别人眼里就没有位置。所以你必须将自己的斗志激发出来，让自己的能量充分展现出来。

卢拉，巴西东北部一个偏远的农村家庭出生的孩子，自幼家贫，所以早早便挑起了生活的重担。在成长过程中，卢拉当过鞋童、洗衣匠，也跑过堂。14岁那年，卢拉才算有了一份正式工作，但也只是在一家钢铁厂当车工。不过，这时的卢拉开始思考人生了，他想象自己可以像巴西历史上的那些英雄一样，成就一番伟大的事业。他是这样想的，也是这样做的，没过多久，卢拉通过努力成为工会中的领军人物。上世纪八十年代初，卢拉与一些有志之士成立了劳工党，经过20多年的经营与努力，巴西左翼政党劳工党有史以来第一次赢得总统选举。作为巴西劳工党创始人之一，卢拉也成为这个国家第一位工人出身的总统。

如果没有对伟大人生的追求，就不可能有这位"工人总统"。

现在的你在做什么？左手面包、右手牛奶地混日子吗？其实你并不想这样，你只是还没有意识到自己的人生可以更出彩而已。那就把自己的人生想象得崇高一些吧！

如果你还在上大学，就把自己想象成校园中的佼佼者，你成绩突出、思想进步、积极活跃，每一个重大活动都有你的身影，无论你走到哪里都有崇拜的目光跟随……

如果你是一个普通职员，就把自己想象成职场中的"白骨精"，你有才华又肯努力，同事欢迎、老板器重、屡被重用、步步高升，成为下一个CEO也未尝不可……

如果你正在创业，就把自己想象成李嘉诚，你有敏锐的嗅觉与出众的智慧，没有什么困难可以击垮你，没有什么机遇可以逃过你的眼睛，你同样能够富可敌国……

你甚至可以把自己想象成任何一个文学家、思想家、商业家、政治家等等，并认定自己可以做出他们那样的成就，不过在行动时，你还要从实际出发。

通过这种积极思考，我们可以拿出向往美好生活的勇气，这样才能真正地活在现实的春天里。

篇二 此心不惊不乱，自然自在安详

第三章 别太苛刻，接纳不完美的自己

每个人身上都有自己不愿意触碰的一面，亲人朋友不愿接受，连我们自己也无法面对。于是，我们不惜代价、竭力伪装成人人喜欢的样子，然而，活得很累。缺陷，也是生命的一部分，只有正视它、接纳它，我们才能活出完整的生命。

只有接受自己的不足，才算真正接受了自己

正视缺陷，由此我们也将进入另一片风景胜区。

希尔·西尔弗斯坦在《失去的部件》一书中讲述了这样一个童话故事，一个圆环失去了一部分，于是它旋转着去寻找失去的这个部分。

因缺少这个部分，它只能非常缓慢地滚动，这样它就有机会欣赏沿途的鲜花，并可以与阳光对话，同蝴蝶吟唱，和地上的小虫聊天……这些都是它完整无缺、快速滚动时所无法注意、没能享受到的。

有一天，这个圆环终于找到了丢失的那个部分，它很高兴，又开

始滚动起来。可是，因为完整，滚得太快，它失去了所有的朋友，不再能从容地赏花，也没有机会聊天，一切都变得稍纵即逝……这个圆环最后在一片草地上丢下了那个找到的部分，又成为一个有缺陷但快乐的圆。

我们每个人都不是完美无缺的，这是无可置疑的事实。如果我们脑海中完美意识过浓，就应该适当地削减些、放弃一些，以平和的心态去看待，将使我们及早地接受这一事实，并且及早地在此方向有所改观，我们也将及早在此受益，这是人生的真谛。

美国心理学家纳撒尼雨·布兰登举过一个他亲身经历的例子：许多年前，一位叫洛蕾丝的24岁的年轻妇女无意中读了他的一本书，找他进行心理治疗。洛蕾丝有一副天使般的面孔，可骂起街来却粗俗不堪，她曾吸毒、卖淫。

布兰登说，她做的一切都使我讨厌，可我又喜欢她，不仅因为她的外表相当漂亮，而且因为我确信在堕落的表象下她是个出色的人。起初，我用催眠术使她回忆她在初中是个什么样的女孩子。她当时很聪明，但是不敢表现自己，怕引起同学的忌妒。她在体育上比男孩强，招惹来一些人的讽刺挖苦，连她哥哥也怨恨。我让她做真空练习，她哭泣着写了这样一段话：你信任我，你没有把我看成坏人！你使我感到痛苦，也感到了期望！你把我带到了真实的生活，我恨你！

一年半后，洛蕾丝考取洛杉矶大学学习写作，几年后成为一名记者，并结了婚。10年后的一天，我和她在大街上相遇，我几乎认不出她了：衣着华丽，神态自若，生气勃勃，丝毫不见过去的创伤。寒暄后，她说："你是没有把我当成坏人看待的那个人，你把我看作一个特殊的人，也使我看到了这一点。那时我非常恨你！承认我是谁，我到底是什么人，这是我一生中从未遇到的事。人们常说承认自己的缺点是多么不容易的事，其实承认自己的美德更是难上加难。"

真正做到放弃完美，自我接受并不容易。因为自我肯定这个事实，你就必须真正保持清醒的头脑，勇敢地承认事实。对完美主义者来说，承认自己的缺陷比寻常人要克服更多的心理障碍，需要更大的勇气来面对。

当你接受了自身不足，这时你才算接受完全的自我，一个人最大的敌人是自己。如果自己都可以战胜，那还有什么困难不可以克服呢？如此一来，放弃完美，收获更美也就自然是水到渠成的事了。

如果事实不能更改，就让事实变成你喜欢的样子

很多时候，我们都会这样想：如果我出生在一个富贵之家就好了，衣食无忧，前程似锦；如果我能再漂亮一点儿多好，那个长腿欧巴说不定就会看上我；如果我的钱再多一点，这次投资一定能赚得更多……可是，人生没有如果。

事情是这样，就不会是别的样子。每个人都会碰到一些不快，甚至是痛苦的事情，它们既然是这样，那么就不可能是别的样子，但是我们也可以有所选择：可以接受并适应它；或者干脆就让忧虑和抱怨毁掉我们的生活。

在不能够更改的事实面前，只一味地想着"如果……如果……"无疑是非常愚蠢的。并不是每个人都有反抗命运的能力，若是无力反抗，何不坦然接受？有了这样的洒脱，你才能活得自在自得，活得幸福快乐。

读过《傅雷家书》的人想必很多，崇拜傅聪的人也定然不少，但说起傅雷的次子傅敏，可能就没有多少人知道了。不知情的人可能会以为，这是个扶不起的阿斗，否则生在这样一个文化世家，怎么会如此籍籍无名？但《傅雷家书》正是由于傅敏的编撰，才得以传世。

傅敏是个很有艺术天赋的人，但对于这个天赋，父亲傅雷却并不认同。少年时的傅敏也曾为自己抗争过，他要和哥哥傅聪一样，报考音乐附中，但被严父无情地拒绝了，理由是家里只能培养一个音乐家。在那个年代，父亲的话几乎就是圣旨，他无法违逆，于是遵照父命，去教书。

傅雷老先生似乎将全部的爱和关注都给了大儿子傅聪，次子傅敏却连追求所爱的资格都没有，他的一生就被父亲这样独断专行地安排了。很多年以后，已成为著名钢琴家的傅聪在自传中提到，他回国无意中跟弟弟比手，发现弟弟的手比自己更柔软，能够张得更开，这是一双有足够条件成为艺术家的手。

同样的环境，甚至在天赋上更胜一筹，哥哥如此耀眼，自己却被迫放弃梦想，一无所有。想必，傅敏的心一定极度难受吧？但，他说："如今，我是有20多年教龄的中学教师了。我深深地爱上了自己的职业。"叶永烈为傅敏写的文章里说，"学生是一团火。一接触天真无邪、活泼可爱的学生，傅敏心中的冰块立即融化了。"

傅敏这辈子不温不火，如果不是一而再、再而三的重编《傅雷家书》，他的名字几乎不会被大众提及。但他勤勤恳恳，数十年如一日投身教育事业。如果说，当初他是父命难违，心中或许带着不甘和怨愤，后来，他则深深爱上教育，甘之如饴，并奉献一生。他说："我为做一个中学教师而感到自豪。在外国人面前，我总是很响亮地说，我是中国的一个中学教师！"

独自等待，默默承受，也许还不是应对严苛命运的最好武器。最好的抵抗其实是，得不到你所爱的，就爱你所得的。面对不可改变的事实，诗人惠特曼曾经这样说道："让我们学着像树木一样顺其自然，面对黑夜、风暴、饥饿、意外等挫折。"这不是所谓的逆来顺受，也不是不思进取，而是一种积极的人生态度。

接受事实是克服任何不幸的第一步。即使我们不接受命运的安排，也不能改变事实的分毫，我们唯一能够改变的只有自己的心境。把现在作为新的起点，总结经验，储蓄力量，等待好的时机，相信自己可以在不久的将来把新的梦想实现。不要用消极的心态去报复、去等待。即使是不甘心，对那些自己力所不能及的事情进行太多的关注，反而是在浪费时间，耗费不必要的精力。既然得不到你所爱的，就爱你所得的。

坦然接受不完美的自己，生命会因此变得美丽

一个女人如果觉得自己不美丽，那她注定被美丽所抛弃；一个男人如果心里没底气，那他注定没成绩。因为美好的人生需要我们自己去创造，生命的绚丽要我们自己去博取，如果一个人自卑、压抑，就会变得越发没有动力。

其实人生的阴影不在我们的身上，而在我们的心里。一个人即使享受的阳光再多，如果他只看到阳光背后的阴影，那么他的世界也不过是一片黑暗。如果把自己翻转过来看，感受就会大不一样。你或许脑子不如人家聪明，但你的工作业绩不错；你尽管没有什么特别的专长，但你也是联谊会上不错的舞者；你或许没有漂亮的外表，但你气质优雅，善解人意，温柔体贴，高端大气——你并不比任何一个人缺少魅力——如此一来，一个工作上进、社交融洽、气质不俗的形象就出现了。那么，这样优秀的一个人，难道不也是别人羡慕的对象吗？

人，如果能看见自己身上的闪光点，心里就会充满阳光，就不会盲目地看低自己。

篇二　此心不惊不乱，自然自在安详

有一个女孩，她是牧师的女儿，但上帝并未因此特别照顾她，她天生就是一位脑性麻痹患者，丧失了正常活动的能力，而且无法言语。然而，她却凭借惊人的毅力，在美国拿到了艺术学博士学位，并且积极参加公益活动，现身说法，帮助他人。有一次，她应邀到一个活动中演"写"（不能讲话的她只能以笔代口）。在提问环节，一个小孩子当众小声问道："你从小就长成这个样子，请问你怎么看自己？你都没有怨恨吗？"

虽然这只是小孩子一个无心的提问，但就其尖刻程度而言却不亚于那些小报记者，这令在场人士无不捏了一把冷汗，他们担心问题会刺伤她的心。接下来，她回过头，用粉笔在黑板上吃力地写下了"我怎么看自己"这几个大字。

有那么几秒钟，室内鸦雀无声，没有人敢讲话，气氛似乎有点压抑。她似乎感觉到了，于是回头笑了笑，又转过身去继续写着：

一、我很可爱！

二、我的腿很长，很美！

三、爸爸妈妈这么爱我！

四、上帝这么爱我！

五、我会画画！我会写稿！

六、我有只可爱的猫！

七、还有……

她又回过头来静静地看着大家，再回过头去，在黑板上写下了她的结论："我只看我所拥有的，不看我所没有的。"

又是几秒钟的沉寂，陡然间掌声如雷鸣般响起。那天，许多人因为她的乐观与坚强而得到激励。这个乐观的脑性麻痹患者是谁？她就是美国南加州大学艺术博士，在中国台湾开过多次画展的黄美廉女士。

"只看我所拥有的，不看我所没有的"——多么洒脱的一句话，或许有时我们所缺少的恰恰就是这种精神。当然，这也不是说我们要对自己的缺点和短处视而不见，而是去改变那些我们能够改变的，接受那些我们不能改变的，即坦然地接受自己——因为我们每个人都是世界上独一无二的个体，我们的身体外貌正是我们的特质，我们的言行举止都有我们的个性，我们没有理由不欣赏自己、不喜欢自己、不激励自己，因为这个世界上不会有第二个我。

坦然地接受自己，阳光在照耀到我们身上的时候，既给了我们光明，也给了我们阴影，不要不见阳光，只看阴影。就像半杯水放到你的面前时，你不要说"真糟糕，只有半杯水"，我们应该庆幸"还有半杯水呢"。自卑与自信不过是对同一个我的不同评价而已，你选择自卑便有自卑的理由，你选择自信更有自信的理由，不过一旦选择了，前者将永远生活在痛苦与哀叹之中，而后者却能在阳光中享受那种欣赏自己的美好感觉。

篇二　此心不惊不乱，自然自在安详

把缺陷变成动力，人生会有不一样的改变

　　天生的缺陷确实是一种残酷，可你不能因此而自卑消沉。既然缺陷无法改变，就要正视它，把它当成前进的动力。这样一来，缺陷也就有了价值。

　　"假如我能站起来吻你，这个世界该有多美啊！"

　　这句话是张海迪对自己的丈夫说过的一句话。可是，张海迪不能站起来，命运让她坐在轮椅上度过她的一生。那么，在张海迪的眼里，这个世界就不美了吗？不是，在张海迪的眼里，这个世界依然美丽，只是自己只能坐在轮椅上欣赏这个世界的美丽。缺憾并不妨碍她笑对世间的心情。她有一个爱她的丈夫，有一个令许多健全人都羡慕的温馨的家。她不会因为身体的残疾逃避世人的目光。相反，她更注重与人的沟通。她会让别人给她倒水、会让人帮她拿放在高处的东西、会让人推着她出席各种活动……她丝毫不会觉得自卑、羞于见人，所以，她活得洒脱、活得幸福。

　　幼时的张海迪与常人无异，爱唱、爱跳、爱玩、爱闹。但不幸在她5岁时降临了，她被确诊为脊髓血管瘤，经过了多次脊椎穿刺之后，

病情仍不见好转。曾有几次张海迪萌生过轻生的念头。

但在家人的帮助下,张海迪的情绪逐渐稳定了下来。冷静思考之后,张海迪学起了针灸,并为周围的人治病。在不断的学习和帮助他人的过程中,她看到了自己的价值,并从自卑的阴影中走了出来,最终活出了自信和光彩。

曾任美国国会议员的爱尔默·托马斯曾说:

"我15岁时,常常为忧虑恐惧和一些自卑所困扰。比起同龄的少年,我长得实在太高了,而且瘦得像根竹竿。我有6.2英尺高,体重却只有118磅。除了身体比别人高之外,在棒球比赛或赛跑各方面都不如别人。他们常取笑我,封我一个'马脸'的外号。我的自卑感特强,不喜欢见任何人,又因为住在农庄里,离公路远,也碰不到几个陌生人,平常我只见到父母及兄弟姐妹。

"如果我任凭烦恼与自卑占据我的心灵,我恐怕一辈子也无法翻身。一天24小时,我随时为自己的身材自怜,别的什么事也不能想。我的尴尬与惧怕实在难以用文字形容。我的母亲了解我的感受,她曾当过学校教师,因此告诉我:'儿子,你得去接受教育,既然你的体能状况如此,你只有靠智力谋生。'

"可是父母无力送我上学,我必须自己想办法。我利用冬季捉到一些貂、浣熊、鼬鼠类的小动物,春天来时出售得了4美元。我又买回两头猪,养大后,第二年秋季卖得40美元。以这笔钱,我到印地安纳州去上师范学校。住宿费一周1.4美元,房租每周0.5美元。我穿的破旧衬衫是我妈妈做的(为了不显脏,她有意用咖啡色的布),我的外套

篇二　此心不惊不乱，自然自在安详

是父亲以前的，他的旧外套、旧皮鞋都不合我用，皮鞋旁边有条松紧带，已经完全失去了弹性，我穿着走路时，鞋子会随时滑落。我没有脸去和其他同学打交道，只有成天在房间里温习功课。我内心深处最大的愿望是，有一天我能在服装店买件合身而体面的衣服。"

想想当时爱尔默·托马斯的处境是多么悲惨，生理的缺陷和生活的贫穷同时困扰着他。但托马斯没有消沉，在克服了自卑之后，他的人生之路越来越顺利，50岁那年，托马斯成了俄克拉荷马州的国会议员。

愈研究那些事业有成就的人士，你就会愈加深刻地感觉到，他们之中有非常多的人之所以成功，是因为他们人生开始的时候，都有一些阻碍他们的缺陷，促使他们加倍地努力而得到更多的报偿。正如威廉·詹姆斯所说的："我们的缺陷对我们有意外的帮助。"

"如果我不是有这样的残疾，"那个在地球上创造生命科学基本概念的人写道，"我也许不会做到我所完成的这么多的工作。"达尔文坦然承认他的残疾对他有意想不到的帮助。

在现实之中，我们不能不承认自己在某些方面"确不如人"，这是很自然的事。但是，这种现实的差距并不代表我们就是一个没有能力的"低能儿"，更不应把这种差距变为自己失败的借口。

每个人都不会是"十分完美"的，都有各自的缺陷，但也有自己突出的优点。突出你的优点，正视你的缺陷，这就是你要做好的事。

第四章　把生命交给自己，你才是自己的主人

没有人永远 17 岁，但有人永远活在 17 岁。你生命的前阵子或许属于别人，活在别人的意愿里。那从今往后把生命交给自己，去追随你内在的声音。

不要让任何人替你做主

很多人，从小就被父母构建起的牢笼给困住了，父母一直是这样告诉我们的：男人要成功，要挣大钱，出人头地、衣锦还乡；女人要找个好归宿，做个好妻子、好妈妈、好儿媳，贤惠端庄、相夫教子。这本没有什么不妥，只是我们因此习惯性地被"父母之命"锁死，因而从填写高考志愿到找工作、从谈恋爱到结婚，几乎都在看着父母脸色。由此可能带来的后果是：你一直在从事着一项自己并不喜欢的工作，枯燥无味；你嫁或娶了一个自己并不想嫁或娶的人，同床异梦。

篇二 此心不惊不乱，自然自在安详

当然，还有更多，你可能习惯了由别人替你做主，无论是你的父母还是爱人、上司、同事、朋友，甚至有可能是你的孩子。可是，人生是你自己的，道路也是你自己的，怎样走应该是你自己的事，如果你把决定权交给了别人，就等于放弃了对人生的控制，这不但愚蠢，而且还是很危险的事情。

那时，她还是小女孩。有一次母亲带她一起整理鞋柜，鞋柜里脏乱不堪，有的鞋子已经变形和开裂得丑陋不堪，尤其是父亲的那双鞋，还散发着一种难闻的汗臭味，她便建议母亲扔掉那些鞋子。可母亲抚摸一下她的头发，说：傻丫头，这些鞋都是有特殊意义的。随后，母亲拿起一双浅口红皮鞋，满脸的幸福和温情，回忆起和她父亲的相识：

17岁那年，我遇到你父亲，拿不定主意是否嫁给他，我的母亲说，那就要他给你买双鞋吧，从男人买什么样的鞋就能看出他的为人。我有点不相信，直到他将这双红皮鞋送到我跟前。母亲说，红色代表火热，浅口软皮代表舒适，半高跟代表稳重，昂贵的鳄鱼皮代表他的忠诚，放心吧，这是一个真爱你的男人。

从那以后，她开始珍惜父母送给她的每一双鞋子，当她成为拉普拉塔大学法律系的一名学生时，她已经收藏了好多双不同款式的高跟鞋。此时，法律系有一个来自南方的青年，英俊潇洒，口才超群，悄然地走入她这位怀春少女的心田，终于在大三时两人捅破了相隔的那层纸，将同窗关系发展为恋爱关系。她陶醉在甜蜜的爱情之中，被这火热的感情所鼓舞，于是带着如意情郎去见父母。母亲对这个邮政工人的儿子能否给女儿的未来带来幸福表示怀疑，侧在女儿耳边轻轻对女儿说："让他给你买双鞋看看吧！"她觉得是个好主意，就照办了。

然而，傻乎乎的情郎不知是测试，想既然是为恋人买鞋就得尊重她的意见，硬拖着屡次推却的情人一起去。然而买鞋那天，平时喜欢滔滔宏论的她始终一声不吭，结果两人逛了大半天都毫无所获。最后，他们来到一家欧洲品牌鞋店，有两双白色皮鞋看上去不错，他知道意中人喜欢白色，于是柔声问她："你想要高跟的，还是平跟的？"她心不在焉地随口答道："我拿不定主意，你看哪双好呢？"他略加思索后，说："那就等你想好了再来吧！"于是，他拉着怏怏不乐的她，离开了。

几天后，他非常认真地问她："想好买哪双了吗？"她依然是漠不关心地说没有。熬着，熬着，这"木头"情郎终于"开窍"了，说出了她期待已久的话："那就只好让我替你做了！"她兴奋地等待了3天，终于等到了他的礼物，不过他吩咐她不要当面打开。

晚上，她将鞋盒抱回家，和母亲一起怀着激动的心情将礼物打开，出现在眼前的两只鞋居然是一只高跟一只平跟。她气得脸色发青，恨得咬着牙齿，呼的一声关上闺门，蒙在被子里号啕大哭起来。她的父亲也勃然大怒："明天约他来吃晚餐，看他如何解释，我女儿可不是跛子！"

第二天，他应邀登门，面对质问，却不慌不忙地说："我想告诉我心爱的人，自己的事情要自己拿主意，当别人做出错误的决定时，受害者就会是自己！"随后，他从包里拿出另外两只一高一矮的鞋子，说："以后你可以穿平跟鞋去看足球，穿高跟鞋去看电影。"父亲在女儿的耳边悄声而激动地说："嫁给他！"

不要总是让别人替你做主，包括你的父母，因为一旦你被别人的看法所左右时，你已沦为别人的奴隶了。永远作自己的主人，这样才能做到自尊自爱。

篇二　此心不惊不乱，自然自在安详

当现实需要考验你内心的智慧时，记住：一定要去尝试自己想要的东西。相信自己的直觉，不要让别人的答案扰乱你的计划。如果自己感觉很好，就跟着感觉走吧，否则你永远不会知道结局有多么美好。不要让别人的议论淹没你内心的声音，你的想法和你的直觉。因为它们已经知道你的梦想，别的一切都是次要的。

你无法让所有人满意，所以不必为此付出太多精力

人的本性趋向于寻求他人的赞美和肯定，尤其对于有威望或有控制力的对象（如父母、老师、上司、名人名流等），他们的赞美肯定很重要。取悦者会沉迷于取悦行为所换得的肯定，这很好解释，如果某件事让人有了愉悦的体会，那他就可能持续做这件事，以便继续维持这种美好的感觉。

其实，我们得到的感觉并不美好。

为了取悦别人而活着，最终必然丧失真正的自己。只有先取悦自己，做最好的自己，然后才能得到他人的喜欢和尊敬。

一位诗人写了不少的诗，也有了一定的名气，可是，他还有相当一部分诗却没有发表出来，也无人欣赏。为此，诗人很苦恼。

这天，诗人向朋友说了自己的苦恼。朋友笑了，指着窗外一株茂盛的植物说："你看，那是什么花？"诗人看了一眼植物说："夜来香。"朋友说："对，这夜来香只在夜晚开放，所以大家才叫它夜来香。那你知道，夜来香为什么不在白天开花，而在夜晚开花呢？"诗人看了看朋友，摇了摇头。

朋友笑着说："夜晚开花，并无人注意，它开花，只为了取悦自己！"诗人吃了一惊："取悦自己？"朋友笑道："白天开放的花，都是为了引人注目，得到他人的赞赏，而夜来香，在无人欣赏的情况下，依然开放自己，芳香自己，它只是为了让自己快乐。一个人，难道还不如一种植物？"

朋友看了看诗人又说："许多人，总是把自己快乐的钥匙交给别人，自己所做的一切，都是在做给别人看，让别人来赞赏，仿佛只有这样才能快乐起来。其实，许多时候，我们应该为自己做事。"诗人笑了，说："我懂了。一个人，不是活给别人看的，而是为自己而活，要做一个有意义的自己。"

朋友笑着点了点头，又说："一个人，只有取悦自己，才能坚持自己的初衷；只有取悦了自己，才能提升了自己；只有取悦了自己，才能影响他人。要知道，夜来香夜晚开放，可我们许多人，却都是枕着它的芳香入梦的啊！"

人，如果总是忙着取悦别人，为别人的期望而生活，就会忽视自己的生活，忽视自己到底喜欢什么、到底想要什么、到底需要什么，最后，忽视了自己的存在。可是，你拥有自己的人生，这是你的一项权利，你为什么要放弃？你对自我的放弃，能换来的其实只是别人更多的蔑视和鄙夷。

所以，别老想着取悦别人，你越在乎别人，就越卑微；只有取悦自己，才会令你更有价值。一辈子不长，记住：对自己好点。

活着是为了做更好的自己

听取和尊重别人的意见固然重要，但无论何时不要人云亦云，做别人意见的傀儡，否则不但会在左右摇摆不知所往中身心疲惫，失去许多宝贵的机会，而且还会丢失自己。

有个男人一心想升官发财，可是从年轻熬到白头，却还只是个小职员。这个人为此极不快乐，每次想起来就伤心落泪。

一位新同事觉得很奇怪，便问他到底为什么难过。他说："我怎么能不难过？年轻的时候，我的上司爱好文学，我就学着作诗、学写文章，想不到刚觉得有点小成绩了，却又换了一位爱好科学的上司，我赶紧又改学数学、研究物理，不料上司嫌我学历太低，不够老成，还是不重用我。后来换了现在这位上司，我自认文武兼备，人也老成了，谁知上司又喜欢青年才俊，我……我眼看年龄渐高，就要退休了，一事无成，怎么不难过？"

活着应该是为了充实自己，而不是为了迎合别人的旨意。没有自

我的人，总是考虑别人的看法，这是在为别人而活着，所以活得很累。当然，我们绝无可能孤立地生活在这个世界上，几乎所有的知识和信息都要来自别人的教育和环境的影响，但你怎样接受、理解和加工、组合，是属于你个人的事情，这一切都要独立自主地去看待、去选择。谁是最高仲裁者？不是别人，而是你自己！歌德说："每个人都应该坚持走为自己开辟的道路，不被流言所吓倒，不受他人的观点所牵制。"让人人都对自己满意，这是个不切实际、应当放弃的期望。

我们周围的世界是错综复杂的，我们所面对的人和事总是多方面、多角度、多层次的。我们每个人都生活在自己所感知的经验现实中，别人对你的反映大多有一定的原因和道理，但不可能完全反映你的本来面目和完整形象。别人对你的反映或许是多棱镜，甚至有可能是让你扭曲变形的哈哈镜，你怎么能期望让人人都满意呢？

如果你期望人人都对你看着顺眼、感到满意，你必然会要求自己面面俱到。不论你怎么认真努力，去尽量适应他人，能做得完美无缺，让人人都满意吗？显然不可能！这种不切实际的期望，只会让你背上一个沉重的包袱，顾虑重重，活得太累。

我们无法改变别人的看法，能改变的仅是我们自己。每个人都有每个人的想法，每个人都有每个人的看法，不可能强求统一。我们应该把主要精力放在踏踏实实做人上、兢兢业业做事上、刻苦学习上。改变别人的看法总是艰难的，改变自己总是比较容易的。

有时自己改变了，也能恰当地改变别人的看法。光在乎别人随意的评价，自己不努力自强，人生就会苦海无边。

篇二　此心不惊不乱，自然自在安详

不要为了证明自己，而去企求别人

一个人活在别人的价值观里就会变得虚荣，因为太在意别人的看法就会失去自我。每个人都应当为自己而活，追求自我价值的实现，做到珍惜自我。如果你追求的幸福是处处参照他人的模式，那么你的一生都会悲惨地活在他人的价值观里。

意大利著名诗人但丁曾经说过："走自己的路，让别人说去吧！"是的，在人生这条路上，不要太在意别人的看法，只要自己认定是对的，大可义无反顾地走下去。

有一天下午，苏菲正在弹钢琴时，7岁的儿子走了进来。他听了一会儿说："妈，你弹得实在不怎么高明。"

不错，是不怎么高明。任何认真学琴的人听到她的演奏都会退避三舍，不过苏菲并不在乎。多年来苏菲一直这样不高明地弹，弹得很高兴。

苏菲也喜欢不高明的唱歌和不高明的绘画。从前还自得其乐于不高明的缝纫，后来做久了终于做得不错。苏菲在这些方面的能力不强，但她不以为耻。因为她不愿意活在别人的价值观里，她认为自己有一两样东西做得不错。

"啊，你开始织毛衣了，"一位朋友对苏菲说，"让我来教你用卷线织法和立体织法来织一件别致的开襟毛衣，织出十二只小鹿在襟前跳跃的图案。我给女儿织过这样一件。毛线是我自己染的。"苏菲心想，我为什么要找这么多麻烦？做这件事只不过是为了使自己感到快乐，并不是要给别人看以取悦别人。直到现在为止，苏菲看着自己正在编织的黄色围巾每星期加长五至六厘米时，还是自得其乐。

从苏菲的经历中不难看出，她生活得很幸福，这种幸福的获得全在于自己，她做到了不是为了向他人证明自己是优秀的，有意识地去索取别人的认可。改变自己一向坚持的立场去追求别人的认可，并不能获得真正的幸福，这样一条简单的道理并非人人都能在内心接受它，并按照这条道理去生活。因为人们总是认为，那种成功者所享受到的幸福，就在于他们得到了这个世界大多数人的认可。

其实，获得幸福的最有效的方式就是不为别人而活，不让别人的价值观影响自己，就是避免去追逐它、要求它。把兴趣爱好和你自己紧紧相连，把你积极的自我形象当作自己的顾问，通过这些，你就能得到更多的认可。

若有人试图影响你的决定，你完全可以不屑一顾

人生就是一场比赛，在冲向终点的过程中，难免有人会向你打压、向你喝倒彩。你是想要成功还是想要平凡无为？倘若有人对你说"停

下吧，你的目标无法实现"，你又该如何应对？

几只蛤蟆在进行"田径比赛"，终点是一座高塔的顶端，周围有一大群蛤蟆前来观战。

比赛刚开始不久，蛤蟆群中便大声议论起来："真不知道它们是怎样想的，做这种不现实的事情，它们怎么可能蹦到塔顶呢？简直是天方夜谭！"

过了不久，蛤蟆群开始为蛤蟆选手们喝倒彩："喂，你们还是停下来吧！这场比赛根本不现实，这是不可能达到的目的！"

陆续地，蛤蟆选手们一一被说服，它们退却了，停了下来。然而，却有一只蛤蟆始终不为所动，一往无前地向上……向上……

比赛结果，其他蛤蟆选手全部半途而废，唯有那只蛤蟆以惊人的毅力完成了比赛。所有蛤蟆都很好奇——为什么它有这么强的毅力呢？这时它们才发现，原来它是一只聋蛤蟆。

别人的评价，不能够成为你行动的基准，如此一来，还有什么自我可言？有些时候，我们索性就让自己做一只"聋蛤蟆"吧！这样，你反而会收获更多。

英国剑桥郡的世界第一名女性打击乐独奏家伊芙琳·格兰妮说："从一开始我就决定：一定不要让其他人的观点阻挡我成为一名音乐家的热情。"

她出生在苏格兰东北部的一个农场，8岁她就开始学习钢琴。随着年龄的增长，她对音乐的热情与日俱增。不幸的是，她的听力却在渐渐地下降，医生们断定是由于难以康复的神经损伤造成的，而且断定到12岁，她将彻底耳聋。可是，她对音乐的热爱却从未停止过。

她的目标是成为打击乐独奏家，虽然当时并没有这么一类音乐家。为了演奏，她学会了用自己特有的方式来感受其他人演奏的音乐。她不穿鞋，只穿着长袜演奏，这样她就能通过她的身体和想象感觉到每个音符的震动，她几乎用她所有的感官来感受着她的整个音乐世界。

她决心成为一名音乐家，而不是一名聋的音乐家，于是她向伦敦著名的皇家音乐学院提出了申请。

因为以前从来没有一个聋学生提出过申请，所以一些老师反对接收她入学。但是她的演奏征服了所有的老师，她顺利地入了学，并在毕业时荣获了学院的最高荣誉奖。

从那以后，她的目标就致力于成为一位出色的专职的打击乐独奏家，并且为打击乐独奏谱写和改编了很多乐章，因为那时几乎没有专为打击乐而谱写的乐谱。

至今，她已经成为一位出色的专职打击乐独奏家了，因为她很早就下了决心，不会仅仅由于医生诊断她完全变聋而放弃追求，因为医生的诊断并不能阻止她对音乐执着的热爱与追求。

事实证明：伊芙琳·格兰妮的选择是正确的。如果她是个软弱的人，只是听从医生给她下的结论而不与命运去抗争，那样她的音乐才华不仅泯灭了，人类历史上也会少了一个著名的打击乐演奏家。

人生难免会遇到这种情况，很多时候，旁观者会对你做出主观评价，以她们的视角来审视你的人生，于是，往往会对你做出不公正的"宣判"。这时，请不要在意别人的看法，做你自己、做你自己该做的选择，画出你自己的人生色彩！

篇三
在痛苦的深处微笑，你要变得坚强

那么多你觉得快要撑不过去的打击，都会慢慢地好起来。就算再慢，只要你愿意等，它也愿意成为过去。那些你暂时不能拒绝的、不能挑战的、不能战胜的，不能逆转的，就告诉自己，凡是不能打倒你的，最终都会让你变得更强！

第一章　活着，痛着，成长着，才是人生

有人帮你是幸运，没人帮你是命运。没有人该为你做什么，因为生命本是自己的，你得为自己负责任。人生的必修课是接受无常。当生命陷落的时候请记得，你必须跌到你从未经历过的谷底，才能站上你从未到达过的高峰。

从幼稚发展到成熟，是人生必经的痛苦

无论你多么不愿意，人生之路就摆在那里，布满了坎坷和荆棘，生活的味道必然酸甜苦辣一应俱全，这一切都需要你去跨越，我们每越过一条沟坎就是一种人生，所经历的挫折、磨难、困惑就是人生的过程。人生百味，缺少哪一种味道都不完整，每一种味道我们都要亲自去品尝，没人可以替代。

其实人生的苦味甚至更多过于甜味，一个人的降生便是从痛苦开始，而一个人生命的结束，多少也带着些许痛苦。人这一生，就是不

断与痛苦抗争的过程，人生的意义，就是从与痛苦的抗争中寻找快乐。

客观地说，现代人的确活得挺累，快乐也不那么容易捕捉，但这种状况谁又能够改变？所以说，痛苦还是快乐，全在你内心的裁决，再重的担子，笑着也是挑，哭着也是挑；再不顺的生活，微笑着撑过去了，就是胜利。承受，不靠身体，而靠心力。人生何时承受不起，便开始输了。

曾看到这样一则故事：

有个人凑巧看到树上有一只茧开始活动，好像有蛾要从里面破茧而出，于是他饶有兴趣地准备见识一下蛹变蛾的过程。

随着时间一点点的过去，他变得不耐烦了，只见蛾在茧里奋力挣扎，将茧扭来扭去的，但却一直不能挣脱茧的束缚，似乎是再也不可能破茧而出了。

最后，他的耐心用尽，就用一把小剪刀，在茧的上方剪了一个小洞，让蛾出来可以容易一些。果然，不一会儿，蛾就从茧里很容易地爬了出来，但是那身体非常臃肿，翅膀也异常萎缩，耷拉在两边伸展不起来。

他等着蛾飞起来，但那只蛾却只是跌跌撞撞地爬着，怎么也飞不起来，又过了一会儿，它就死了。

飞蛾在由蛹变茧时，翅膀萎缩，十分柔软；在破茧而出时，必须要经过一番痛苦的挣扎，身体中的体液才能输送到翅膀上去，翅膀才能充实有力，才能支持它在空中飞翔。其实，它痛苦的时候，也正是成长的时候，只是被那个无知的人无情地剥夺，造成了生命的脆弱。

我们的人生也是如此，任何一种生存技能的锤炼，都需要经历一个艰

苦的过程，任何妄图投机取巧减少努力的行为都是缺乏短见的，人世之事，瓜熟才能蒂落，水到才能渠成，与飞蛾一样，人的成长必须经历痛苦挣扎，直到双翅强壮后，才能振翅高飞。

现在你看到了，人生可不是那么容易，总要经历各种各样的磨难才能走向成功，不过它们终究打不倒你，反倒会使你变得更强，所以，感谢生活给你的一切苦难吧，感激我们的失去与获得，学会理智地看待磨难生活，学会释怀，不要沉沦于痛苦之中不能自拔，更不能让你爱的人和爱你的人为你担心，因你痛苦。痛苦不过是成长中必然经历的一个过程，如果你没有走出痛苦，那是因为你还没有成熟。

翻看一下成功人物的奋斗史你就会发现，每一个优秀的人，都有一段沉默的时光。那一段时光，付出了多少努力，忍受了多少孤寂，可不曾抱怨、不曾不诉苦，个中心酸只有他们自己知道，可当日后说起时，甚至他们自己都会为之感动。通过这些你便会懂得，成长的过程，必然要伴随着一些阵痛，这是高大和健壮的前奏，在这个过程中，或者经历过一些挫折或者百转千回又或者惊心动魄，最终总会让你明白，事实上——所有的锻炼不过是再次呈现我们还没学会的功课。所以说我们要学着与痛苦共舞，这样我们才能看清造成痛苦来源的本质，明白内在真相。更重要的是，它能让我们学到该学的功课。

与苦难对抗的过程，催生了生命的繁荣

有人说过，人的脸型就是一个"苦"字，天生就该受尽各种苦难。此言不谬。试想，人的一生，在自己的哭声中临世，在亲人的哭声中辞世，中间百十年的生活，无时无刻不在与艰巨、困苦、疾病、灾难打交道。

苦难，就像是人的影子，从生到死如影随形地跟随在我们身边。不知道什么时候，它就会悄然伸出一只手，将人推倒在地，然后幸灾乐祸地看着你。而你，要么惊慌失措，让苦难得意扬扬；要么马上站起来，抛给苦难一个不屑的眼神。但苦难也会重新陪着你，企图下一次在你不注意的时候，再次让你跌倒。

被苦难推倒的时候，那滋味的确不好受，有时它就像是一座大山，压得你喘不过气来。我们多少次诅咒这苦难，希望它一去不复返，然而现实总是与愿望背道而驰。所以，我们只能学着接受苦难。其实，困难带给我们的也不仅仅是苦辣和酸，因为如果把一生泡在蜜罐里，你是感觉不到甜蜜的。正是因为有了苦味，我们才品尝到什么是甜，才知道守候与珍惜，守候平淡与宁静，珍惜活着的时光。人这一生，总有些苦是必须要吃的，今天不苦学，少了精神的滋养，注定了明天的空虚；今天不苦练，少了技能的支撑，注定了明天的贫穷。所以即

使再苦再难也要笑着走下去，这是我们成长中所必须经历的坎，跨过它，就不会感悟到生命异样的精彩。

曾看过这样一个故事：有一年上帝看见农民种的麦子丰收了，觉得很开心。农夫见到上帝却说："五十年来我没有一天不祈祷，祈祷年年不要有风雨、冰雹，不要有干旱、虫灾，可无论我怎样祈祷总不能如愿。"这时，农夫忽然吻着上帝的脚说："我全能的主呀！您可不可以明年承诺我的恳求，只要一年的时光，不要大风雨、不要烈日干旱、不要有虫灾？"

上帝说："好吧，明年必定如你所愿。"

第二年，由于没有狂风暴雨、烈日与虫灾，农民的田里果然结出很多麦穗，比往年的多了一倍，农民高兴不已。可等到秋天的时候，农夫发现所有的麦穗竟全是瘪瘪的，没有什么好籽粒。农夫含泪问上帝说："这是怎么回事？"

上帝告诉他："由于你的麦穗避开了所有的考验，才变成这样。"

一粒麦子尚且离不开风雨、干旱、烈日、虫灾等挫折的考验，对于一个人，更是如此。

生命中难免有暗夜，然而只要我们心怀阳光坚强地面对，一定会发现，生命中的每一次苦难对于我们而言都是那么的富有深意。

龙涎香，是留香最持久的香料，世界上任何一种香料都不能与之相媲美，素有"龙涎之香与日月共存"的说法。由于稀有难觅，龙涎香又被称为"灰色的金子"。龙涎香也是最神秘的香料，人们只能偶尔在海边拾到它，关于它的来源，有过无数的猜测和传说。后来，一位海洋学家经过调查研究后解开了龙涎香的秘密。

海洋中有一种形体巨大的生物，叫作抹香鲸，它可以潜到千米深海之下，吞食体型巨大的乌贼、章鱼等。但是，这些动物被吞食后，它们身体中坚硬、锐利的角质和软骨却很难被抹香鲸消化，肠胃饱受折磨，却不能将之排出体外，这令抹香鲸痛苦异常。在痛苦的刺激下，抹香鲸只好通过消化道产生一些特殊的分泌物，来包裹住那些尖锐之物，以缓解伤口疼痛。

每隔一段时间，难耐痛苦的抹香鲸就要把这些分泌物包块排出体外，这些包块漂浮在海面上，经过风吹日晒、海水浸泡后，就成为名贵的龙涎香。

谁也没有想到，贵如黄金的龙涎香，竟是抹香鲸与痛苦对抗的产物。

"草木不经风霜，则生意不固；吾人不经忧患，则德慧不成。"近代哲人沈近思如是说。所以，不要拒绝痛苦的磨难，有时，往往是与痛苦对抗的过程，才让我们的人生修炼到了龙涎香的境界。

我们能够承受的痛苦程度，其实远比想象的大

一位教师在课堂上做了一个实验。他先用一些小铁圈将一个南瓜箍住，然后问学生："南瓜长大以后，会出现什么结果呢？"同学们纷

纷回答："南瓜将会破裂。"教师继续问："你们认为它能够承受住多大的压力？"学生们经过一番议论，最后一致认为，最大限度不会超过200千克。

然而，实验第一个月，南瓜已经承受住了200千克的压力；到第二个月，这个南瓜已承受了600千克的压力；并且当它承受住800千克压力时，老教师和学生不得不对铁圈加固，避免南瓜将铁圈撑开。

结果超乎他们的想象——直到南瓜承受了超过2000千克的压力时，它才发生了破裂。这个时候他们发现，这个南瓜内部生长了层层牢固的纤维，试图突破围困它的铁圈。南瓜在巨大的"苦难"前选择不断成长，来获得更强大的力量。

苦难来临之时，也正是我们发挥生命潜力的时刻，就像那个南瓜，承受了极大的苦难和压力，生命反而变得更加坚韧。

只要还在这个世界上活着，每一天、甚至每一秒，我们都要遭遇到不一样的事情，都要见到很多人，无理的、欣喜的、无聊的、有意义的，它们交叉在一起才叫生命。我们都体验过幸福与快乐，也不可避免地要遭遇坎坷，欢乐的时光于我们而言总是那样短暂，而痛苦却让我们感到度日如年，我们很快就会忘记彼时的快乐，却与此时的痛苦纠缠不断，不是不可战胜，而是四肢发冷——我们在那些伤痛中木然了、心颤了、胆寒了。

我们为何变得如此胆怯？还是天生就是个草包？相信没有人喜欢这个"雅号"，而事实上，我们也曾是很多人心中的骄傲，只是不知从何时起，挫折不讲道理地一次次来袭，或许你也曾抗争过，只是越发地感觉气力不济，于是最终想到了放弃。显然不曾有人告诉过你，这个世界上只有一条路不能选择，那就是放弃的路，只有一条路不能放弃，那就是成长的路。

曾听过一个黑人男孩的故事，他出生在一个贫寒的家庭。父亲过早地撒手人寰，只留下嗷嗷待哺的他与母亲相依为命。那个可怜的母亲是个只会打零工的女人，她爱自己的孩子，也想给他像其他孩子一样的生活，但她确实没有那个能力，她每个月只能拿到不足30美元的工钱。

有一次，黑人男孩的班主任让班上的同学们捐钱，男孩觉得自己与其他人没什么差别，他也想有所表现，于是拿着自己捡垃圾换来的三块钱，激动地等待老师叫他的名字。可是，直到最后，老师也没有点他的名字。他大为不解，便向老师去问个究竟，没想到，老师却厉声说道："我们这次募捐正是为了帮助像你这样的穷人，这位同学，如果你爸爸出得起5元钱的课外活动费，你就不用领救济金了……"男孩的眼泪瞬间流了下来，他第一次感到那么的屈辱与委屈，打那天以后，男孩再也没有踏进这所学校半步。

三十年弹指一挥间，这位名叫狄克·格里戈的黑人男孩如今已经成了美国著名的节目主持人。每每提及此事时，他总是会说："经由这盆冷水的冲刷，我的梦想将会更明朗，信念将会更加笃定。"

那么小的孩子，那么大的刺激，这事若发生在我们身上，或许阴影便会笼罩一生，或许我们便真的认命了，继续领着救济金，继续过着低人一头的生活。显然，狄克·格里戈的意志力要比我们很多人都

强，他应该很清楚，生命是自己的，前程是自己的，幸福也是自己的，并不是随便某个人的几句话、随便的一点什么挫折就可以毁掉，所以要珍爱自己的生命！他要证明给那些看轻自己的人看。

现在，我们所缺少的，也许正是狄克·格里戈那种化刺激为潜力的精神，挫折改变了两种人的命运——它能够将懦夫拉入万丈深渊，同样也能够成就生命的美丽。成与败的关键就在于，你是不是能够把它看成是生命的一种常态。

忍别人不能忍的痛，才能得到别人得不到的收获

英国劳埃德保险公司曾从拍卖市场买下一艘船，这艘船1894年下水，在大西洋上曾138次遭遇冰山，116次触礁，13次起火，207次被风暴折断桅杆，然而它从没有沉没过。

劳埃德保险公司基于它不可思议的经历及在保费方面带来的可观收益，最后决定把它从荷兰买回来捐给国家。现在这艘船就停泊在英国萨伦港的国家船舶博物馆里。

不过，使这艘船名扬天下的却是一名来此观光的律师。当时，他刚打输了一场官司，委托人也于不久前自杀了。尽管这不是他的第一次失败辩护，也不是他遇到的第一例自杀事件，然而，每当遇到这样

的事情，他总有一种负罪感。他不知该怎样安慰这些在生意场上遭受了不幸的人。

当他在萨伦船舶博物馆看到这艘船时，忽然有一种想法，为什么不让他们来参观参观这艘船呢？于是，他就把这艘船的历史抄下来和这艘船的照片一起挂在他的律师事务所里，每当商界的委托人请他辩护，无论输赢，他都建议他们去看看这艘船。

它使我们知道：在大海上航行的船没有不带伤的。

虽然屡遭挫折，却能够坚强地百折不挠地挺住，这就是成功的秘密。

人生总有磨难重重，我们谁也别想逃掉，是深是浅都要跋涉，是苦是甜都要喝，是高是低都要过。苦难其实并不可怕，挫折也无妨，一切希望都并非没有烦恼，而一切逆境也并非没有希望。最美的刺绣是以明丽的花朵映衬于暗淡的背景，绝不是以暗淡的花朵映衬于明丽的背景。人的美德犹如名贵的香料，在烈火焚烧中会散发出最浓郁的芳香，正如恶劣的品质可以在幸福中暴露一样，最美好的品质也正是在逆境中显现的。

有一个小男孩，因为疾病而导致左脸局部麻痹，嘴角畸形，相貌丑陋，还有一只耳朵失聪。

他讲话时不仅嘴巴总是歪向一边，而且还有口吃。为了矫正自己的口吃，小男孩模仿古代一位著名的演说家，嘴里含着小石子苦练讲话。母亲看到儿子的嘴巴和舌头都被石子磨破了，流着眼泪心疼地说："不要练了，妈妈照顾你一辈子。"懂事的小男孩一边替妈妈擦着眼泪，

一边说:"妈妈,您对我说过,每一只漂亮的蝴蝶,都是在经过痛苦的抗争,冲破了茧的束缚之后才变成的。我就是要在苦练中变成一只美丽的蝴蝶。"

经过日复一日的苦练,小男孩终于能够流利地讲话了。由于他的勤奋和善良,在中学毕业时,不仅取得了优异成绩,还赢得了同学们的普遍好评。

其实,任何不幸、失败与损失,都有可能成为我们的有利因素。生活也是很公平的,它可以将一个人的志气磨尽,也能让一个人出类拔萃,就看你是怎样的一个人。摆在我们面前的其实也无非就那么两条路——要么浑浑噩噩地过;要么精彩地活着!当然,还是要看你是怎样的一个人。

不管你是否愿意就那样窝囊地活着,还是要提醒一下:一个倒霉的开端并不意味着一定是个悲惨的结局,事情的结果终究没有确定,又何苦惶惶不可终日呢?或许,多一点勇气、多一点斗志,事情的结果就会大不一样,这世界没有过不去的坎。

所以希望那些惧怕磨难的、正经历磨难的、已经准备向磨难妥协的朋友,无论怎样,也不要让自己颓废,不要像玻璃那样脆弱。如果你的眼睛总盯着自己,就会站不高也看不远;总是喜欢怨天尤人,也会使别人无比厌烦。没有苦中苦,哪来甜中甜?不要像玻璃那样脆弱,而应像水晶一样透明、太阳一样辉煌、蜡梅一样坚强。既然我们想要睁开眼睛享受风中的清凉,就不要再害怕风中细小的微沙。

篇三　在痛苦的深处微笑，你要变得坚强

第二章　强者不是没有眼泪，而是含着眼泪继续奔跑

命运的铁拳击中要害的时候，只有大勇大智的人，才能够处之泰然。当一个人熬过了苦难的底线，不在无用的事情上浪费哪怕一分钟的时候，他就真的只剩下所谓成功了。

心中埋下种子，必有收获果实的那一天

在人生的征途上，我们需要保留的东西有很多，其中有一样千万不能遗忘，那就是希望。希望是宝贵的，它犹如孕育生命的种子，可以随处发芽。只要抱有希望，生命便不会枯竭。

曾看过这样一则故事，至今仍回味无穷：

故事中说，有个突然失去双亲的孤儿，生活过得非常困苦，今年唯一能让他熬过冬天的粮食，就只剩下父母生前留下的一小袋豆子了。

但是，此刻的他，却决定要忍受饥饿。他将豆子收藏起来，饿着

肚子开始四处捡拾破烂，这个寒冬他就靠着这些微薄的收入度过了。也许有人要问，他为什么要这么委屈或折磨自己，何不先用这些豆子充饥，熬过了冬天再说？

或许，聪明的人已经猜到了，原来整个冬天，在孩子的心中充满着播种豆苗的希望与梦想。

因此，即使这个冬天他过得再辛苦，他也不曾去触碰那袋豆子，只因那是他的"希望种子"。

当春回大地时，孤儿立即将那一小袋豆子播种下去，经过夏天的辛勤劳动，到了秋天，他果然得到丰富的收获。

然而，面对这次的丰收，他却一点也不满足，因为他还想要得到更多的收获，于是他把今年收获的豆子再次存留下来，以便来年继续播种、收获。

就这样，日复一日，年复一年，种了又收，收了又种。

终于，孤儿的房前屋后全都种满了豆子，他也告别了贫穷，成为当地最富有的农人。

凡是看得见未来的人，也一定能掌握现在，因为明天的方向他已经规划好了，知道自己的人生将走向何方。

只是我们太多的人在厄运面前丧失了希望，其实厄运往往是命运的转折，你战胜它就能成就新的命运，而一味埋怨、自暴自弃，厄运就不会成为幸运。所以当你感到彷徨无助，甚至想要自我放弃时，不要绝望。因为恰恰在似乎一切都完了的时候，新的力量就会来临，给你以帮助，而这正表明你是活着的。

或许你一路走来真的很艰辛，其中的酸甜苦辣只有你自己知道，但只要你能做到"不抛弃，不放弃"，就会有希望。假如命运对你真的很不公平，它折断了你航行的风帆，那也不要绝望，因为岸还在；假如它凋零了美丽的花瓣，同样不要绝望，因为春还在；假如你的麻烦总是接踵而至，还是不要绝望，因为路还在、梦还在、阳光还在、生命还在。生活需要我们持有这种乐观的心态，只有这样我们才能发现它的美好，生活是具有两面性的，纵然是在令人痛不欲生的苦难中，也蕴涵着细微的美妙，虽然它很细微，但只要你有一双发现美的眼睛，就能在厄运中抓住人生前行的希望。如果你能留住心中的"希望种子"，你的前途必然无可限量，因为心存希望，任何艰难都不会成为我们的阻碍。只要怀抱希望，生命自然会激情绽放。

不向命运低头，才有征服命运的可能

一个人有聪明才智，并不一定能发挥出来。要取得相应的成就，还需要一种精神，一种不怕失败，不怕困难，敢于向命运挑战的精神。

第59届奥斯卡金像奖颁奖仪式那天，钱德勒大厅灯火辉煌、座无虚席，这里燃烧着人们的热情。在观众热切的企盼中，主持人宣布："最佳女主角奖由在《上帝的孩子》中表现有出色的玛丽·马特林获

得。"现场立即响起雷鸣般的掌声。在众人的祝福中，玛丽·马特林轻盈地走上舞台，从上届奥斯卡金像奖最佳男主角威廉·赫特手中接过了奖杯。

捧着象征崇高荣誉的奥斯卡金像，玛丽·马特林激动不已。她一定有许多话想对大家说，但是人们并没有听到她的声音，最后人们看到玛丽·马特林在向观众们打手语："其实，我并没有准备发言，此时此刻，我要感谢电影艺术科学院、感谢这个剧组的全体同事……"

原来，玛丽·马特林是一个聋哑人。

在玛丽·马特林18个月时，因一次高烧失去了听说能力。但是，玛丽·马特林并没有被命运击垮，她相信自己仍然可以创造幸福的生活。

玛丽·马特林从小就热爱表演，8岁时，她加入了伊利诺伊州的聋哑儿童剧院，一年之后，玛丽·马特林就在《盎司魔术师》中饰演了多萝西这个角色。但是，命运并没有因为玛丽·马特林的顽强而放弃了对她的折磨。16岁那年，玛丽·马特林被迫离开了聋哑儿童剧院，幸运的是，玛丽·马特林常常接到一些邀请她用手语表演的角色。在这些表演中，玛丽·马特林找到了自己的人生定位。玛丽·马特林充分利用这些演出机会，提高自己的演技。一个机会，玛丽·马特林参加舞台剧《上帝的孩子》的演出，玛丽·马特林在其中饰演一个并不重要的角色。不久之后，一位名叫兰达·海恩斯的导演决定，将这部舞台剧拍成电影。

可是，兰达·海恩斯导演在为女主角萨拉寻找饰演者时遇到了很大的困难，她花了半年的时间先后来到美国、英国、加拿大和瑞典挑选女演员，然而大费周折也未能找到适合出演萨拉一角的人。有些失落的兰达·海恩斯回到美国，重新观看舞台剧《上帝的孩子》的录像，发现了演技高超的玛丽·马特林，立即决定邀请马特林加入剧组，饰演萨拉一角。

在这部电影中，玛丽·马特林没有一句台词，但是玛丽·马特林却十分珍惜这次来之不易的机会，她严谨地对待每一个镜头，凭借丰富传神的眼神、表情和动作，将剧中人萨拉的自卑与不屈、喜悦与懊丧、孤独与多情、消沉与奋进的内心世界完美地表现出来。由此，玛丽·马特林正式走上大银幕，实现了自己人生的飞跃，成为美国电影史上第一个聋哑人影后。

在玛丽·马特林之前，没有人认为聋哑人可以成为影后或影帝，放弃这种追求，她活得可能更轻松，但就会像很多聋哑人一样，泯然于无声的世界中。玛丽把它变成了现实，她创造了属于自己的"奇迹"，这得益于她一直有这个信念。所以玛丽常说："我的成功，对每个人来说都是一种激励。"的确如此，一个人的一生中，最难得的就是拥有一颗坚韧、自信的心，始终相信自己能够创造"奇迹"。

事在人为，这是个永恒不变的真理，你也可以创造"奇迹"，但前提是你要相信自己。你要做的，就是比你想得更疯狂些。只要你相信自己，去做了，就等于提升了成功的可能。

在痛苦的深处微笑，你就是自己的英雄

遗憾会使有些人堕落，也会使有些人清醒；能令一些人倒下，也能令一些人奋进。同样的一件事，我们可以选择以不同的态度去对待。如果我们选择了积极，并做出积极努力，就一定会看到前方瑰丽的风景。

其实，人生中的遗憾并不可怕，怕就怕我们沉浸在戚戚地遗憾诉说中停滞不前。甚至是那些看似无法挽回的悲剧，但只要我们意念强大，勇敢面对，就能修正人生航向，创造人生幸福，实现人生价值。

美国女孩辛蒂在医科大学时，有一次，她到山上散步，带回一些蚜虫。她拿起杀虫剂想为蚜虫去除化学污染，却感觉到一阵痉挛，原以为那只是暂时性的症状，谁料她的后半生从此陷入不幸。

杀虫剂内所含的某种化学物质使辛蒂的免疫系统遭到破坏，使她对香水、洗发水以及日常生活中接触的一切化学物质过敏，连空气也可能使她的支气管发炎。这种"多重化学物质过敏症"，到目前为止仍无药可医。

起初几年，她一直流口水，尿液变成绿色，有毒汗水的刺激，使

篇三　在痛苦的深处微笑，你要变得坚强

她背部形成了一块块疤痕。她甚至不能睡在经过防火处理的床垫上，否则就会引发心悸和四肢抽搐。后来，她的丈夫用钢和玻璃为她制作了一间无毒房间，一个足以逃避所有威胁的"世外桃源"。辛蒂所有吃的、喝的都得经过选择与处理，她平时只能喝蒸馏水，食物中不能含有任何化学成分。

很多年过去了，辛蒂没有见到过一棵花草，听不见一声悠扬的歌声，感觉不到阳光、流水和风。她躲在没有任何饰物的小屋里，饱尝孤独之余，甚至不能哭泣，因为她的眼泪跟汗液一样也是有毒的物质。

然而，坚强的辛蒂并没有在痛苦中自暴自弃，她一直在为自己，同时更为所有化学污染物的牺牲者争取权益。后来，她创立了"环境接触研究网"，以便为那些致力于此类病症研究的人士提供一个窗口。几年以后辛蒂又与另一组织合作，创建了"化学物质伤害资讯网"，保证人们免受威胁。

目前这一资讯网已有来自 32 个国家的 5000 多名会员，不仅发行了刊物，还得到美国、欧盟及联合国的大力支持。

她说："在这寂静的世界里，我感到很充实。因为我不能流泪，所以我选择了微笑。"

是啊，既然不能流泪，不如选择微笑，当选择了微笑地面对生活时，我们也就走出了人生的冬季。

岁月匆匆，人生也匆匆，当困难来临之时，学着用微笑去面对、用智慧去解决。永远不要为已发生的和未发生的事情忧虑，已发生的再忧虑也无济于事，未发生的根本无法预测，徒增烦恼而已。你得知

道,生活不是高速公路,不会一路畅通。人生注定要负重登山,攀高峰,陷低谷,处逆境,一波三折是人生的必然,我们不可能苦一辈子,但总要苦一阵子,忍着忍着就面对了,挺着挺着就承受了,走着走着就过去了。

其实,上帝是很公平的,它会给予每个人实现梦想的权利,关键看你如何去选择。琐事缠身、压力太大——这些都不应该是我们放弃梦想的理由。要知道,幸福感并不取决于物质的多寡,而在于心灵是否贫穷,你的心坚强,世界在你眼中也会变得美好。

上帝终会伸出手指,为你在逆境中的坚守点赞

鲁迅先生说:"希望是附丽于存在的,有存在便有希望,有希望便是光明。"当我们面对濒临绝望的境地时,心中对希望必须要有一份坚守,并不断地去努力寻找希望,只有如此,才会在失望中涅槃重生。

有两位英国考古学家,为了寻找所罗门王朝的遗址,他俩历尽千辛万苦,穿越了热带丛林、沼泽、沙漠,最后终于到达了遗址的所在地。在发掘中,意外地发现了所罗门王的墓地。这个墓地建在一个山洞中。当他们走进山洞的时候,洞口的巨石突然坍塌下来,堵住了洞口。他们使出了浑身的力气,想推开它,但巨石始终纹丝不动。无奈

篇三 在痛苦的深处微笑，你要变得坚强

之下，他们只好举着火把向山洞里走去，去寻找其他的出口。然而，直到山洞的尽头，依然没有出口。顿时，一种恐惧感涌上他们的心头，他们都想到了死亡！面对着洞壁那黑森森的岩石，他们感到窒息。然而，即使在走投无路的生死关头，他们也没有绝望，更没有坐以待毙，一种求生的意念，仍然支撑着他们继续寻找下去。

当他们喝完最后一滴水，疲惫地坐在地上，望着眼前石壁上的雕刻，想着这次发现的重大意义时，一定要找到出口的念头，就如同插在岩壁上的火把那样，照亮了他们孤寂的心。他们想到墓穴如果是封闭的，山洞里就会缺氧，火把就会熄灭。现在火把仍在燃烧，这就说明洞中还有氧，山洞与外界并没有完全隔绝。于是，他们继续寻找。终于在一个地方，突然发现火把更亮了，并且随风抖动起来，隔着岩壁还能听到潺潺的流水声，随即便看到了用碎石阻隔着的另一个洞口……

他们终于走出了绝境，将所罗门王朝遗址的奥秘公之于世。

无论遇到怎样的磨难，无论面临怎样的困境，我们都要坦然面对，只要心里尚有突破的希望，每一个明天都能给人带来惊喜。

多年前，有一个美国女孩因为一场意外双眼受了重伤，她只能借助左眼角的小缝隙勉强看到东西。在童年时，她很喜欢和邻居家的孩子们玩跳房子游戏，不过，她根本看不见记号，所以只有将自己游玩的每一个角落都记在心中。这样，即便是和孩子们赛跑她也从来没有输过。正是凭着这种坚韧的精神，长大以后她斩获了明尼苏达大学文学学士及哥伦比亚大学的文学硕士双重学位。

她年轻时曾经在明尼苏达的一个乡村里当过教师，后来又成了"奥加斯达·卡雷基"的新闻学和文学教授。这13年她过得很充实，她不仅教书育人，还在妇女俱乐部做演讲、在电台做谈话节目。再后来，她写了一本自传体小说——《我想看》，此书一经发表立即引起轰动，成为畅销良久的文学名作。她就是50年如盲人般生活的波基尔多·连尔教授。

对于自己的成功，她这样说："其实在我的心中，不时也会冒出是否会变成全盲的恐惧，但是我坚信生活会很美好，我以一种乐于面对的高度去面对我的人生。"或许是上天对于她这份坚持的奖励，终于在52岁时，波基尔多·连尔教授经过现代先进医术的治疗，获得了强于以前40倍的视力。相信，如果没有对于信念的坚守，她所看到的一定不会是如此绚烂的世界。

只要还相信有希望，就会有奋斗，就会有机会。最悲惨的就是万念俱灰。一些人在连续遭遇挫折后，失去了自信心，经历了多次众叛亲离，以致最终绝望。其实，人在低谷的时候，只要你抬脚走，就会走向高处，这就是否极泰来；如果你躺下不动了，这就是坟墓。

篇三　在痛苦的深处微笑，你要变得坚强

第三章　换个角度看困难，人生没有过不去的坎儿

苦难就像一杯咖啡，不在于它有多苦，重要的是你能否品透它。能正视苦难的人，会慢慢品味，渐渐发现它苦中自有一缕浓香，这才是生活的真谛。惧怕苦难的人，会囫囵吞枣般地咽下，只有苦味留在口中。

每一道伤口，在醒悟之后，都会变成拥有

其实苦是生活的原味，累是人生的本质。你走得再远，爬得再高，也脱离不了苦与累的纠缠。人生就是一种承受、一种压力，你能在负重中前行、障碍中奋进，那么无论走到哪里，你都能够支撑自己。所以失败时就多给自己一些激励，孤独时就多给自己一些温暖，让自己的心灵轻快些，让自己的精神轻盈些。因为你心情的颜色会影响世界的颜色。如果我们对生活抱有一种达观的态度，就不会稍不如意便自

怨自艾，只看到生活中不完美的一面。我们的身边大部分终日苦恼的人，或者说我们本人，实际上并不是遭受了多大的不幸，而是自己的内心素质存在着某种缺陷，对生活的认识存在偏差。

有位朋友前去友人家做客，才知道友人3岁的儿子因患有先天性心脏病，最近动过一次手术，胸前留下一道深长的伤口。

友人告诉他，孩子有天换衣服，从镜中看见疤痕，竟骇然而哭。

"我身上的伤口这么长！我永远不会好了。"她转述孩子的话。

孩子的敏感、早熟令他惊讶；友人的反应则更让他动容。

友人心酸之余，解开自己的裤子，露出当年剖腹产留下的刀口给孩子看。

"你看，妈妈身上也有一道这么长的伤口。"

"因为以前你还在妈妈肚子里的时候生病了，没有力气出来，幸好医生把妈妈的肚子切开，把你救了出来，不然你就会死在妈妈的肚子里面。妈妈一辈子都感谢这道伤口呢！"

"同样地，你也要谢谢自己的伤口，不然你的小心脏也会死掉，那样就见不到妈妈了。"

感谢伤口！——这四个字如钟鼓声直撞心头，那位朋友不由低下头，检视自己的伤口。

它不在身上，而在心中。

那时节，这位朋友工作屡遭挫折，加上在外独居，生活寂寞，孤苦无依，更加重了情绪的沮丧、消沉，但生性自傲的她不愿示弱，便企图用光鲜的外表、强悍的言语加以抵御。隐忍内伤的结果，终至溃

篇三 在痛苦的深处微笑，你要变得坚强

烂、化脓，直至发觉自己已经开始依赖酒精来逃避现状，为了不致一败涂地，才决定告别这颓败的生活，辞职搬回父母家。

如今伤势虽未再恶化，但这次失败的经历却像一道丑陋的疤痕，刻划在胸口。认输、撤退的感觉日复一日强烈，自责最后演变为自卑，使她彻底怀疑自己的能力。

好长一段时日，她蛰居家中，对未来裹足不前，迟迟不敢起步出发。

朋友让她懂得从另一方面来看待这道伤口：庆幸自己还有勇气承认失败，重新来过，并且把它当成时时警惕自己，匡正以往浮夸、矫饰作风的记号。

她觉得，自己要感谢朋友，更要感谢伤口！

我们应该佩服那位妈妈的睿智与豁达，其实她给儿子灌输的人生态度，于我们而言又何尝不是一种指导？人活着，总不能流血就喊痛，怕黑就开灯，想念就联系，疲惫就躺倒，被孤立就讨好，脆弱就想家，人，总不能被黑暗所吓倒，终究还是要长大，最漆黑的那段路总是要自己走完。

所以，如果说，现实已然无法改变，那我们就改变自己，平安是福，但谁也不可能平安一生，生活总是要过的，我们犯不着与生活闹脾气，与其给自己拧上一个心结，莫不如好好享受这个过程——不是在眼泪中沉沦，而是在磨难中雄起。当然，我们未必一定能够得到想要的结果，但只要你用心努力过，这就够了，就算没有成功也是一种收获。

在你痛不欲生的时候，试着换个角度看人生

世上没有任何事情是值得痛苦的，你可以让自己的一生在痛苦中度过，然而无论你多么痛苦，甚至痛不欲生，你也无法改变既成事实。所以我们必须做出相应的改变，不是改变诱发痛苦的问题，因为痛苦不是问题本身带来的，我们需要改变的是对于问题的看法，这会引导我们走向解脱。

有一位朋友，刚刚升职一个多月，办公室的椅子还没坐热，就因为工作失误被裁了，雪上加霜，与他相恋了五年的女友在这时也背叛了他，跟着一个土豪走了。事业、爱情的双失意令他痛不欲生，万念俱灰的他爬上了以前和女友经常散步的山。

一切都是那么熟悉，又是那么陌生。曾经的海誓山盟依稀还在耳边，只是风景依旧，物是人非。他站在半山腰的一个悬崖边，往事如潮水般涌上心头，"活着还有什么意思呢？"他想，"不如就这样跳下去，反倒一了百了。"

他还想看看曾经看过的斜阳和远处即将靠岸的船只，可是抬眼看去，除了冰冷的峭壁，就是阴森的峡谷，往日一切美好的景色全然不见。忽然间又是狂风大作，乌云从远处逐渐压了过来，似乎一场大雨即将来临。他给生命留了一个机会，他在心里想："如果不下雨，就好好活着，如果下雨就了此余生。"

就在他闷闷地抽烟等待时，一位精神矍铄的老人走了过来，拍拍他的肩膀说："小伙子，半山腰有什么好看的？再上一级，说不定就有好景色。"老人的话让他再也抑制不住即将决堤的泪水，他毫无保留地诉说了自己的痛苦遭遇。这时，雨下了起来，他觉得这就是天意，于是不言不语，缓缓向悬崖走去。老人一把拉住了他，"走，我们再上一级，到山顶上你再跳也不迟。"

奇怪的是，在山顶他看到了截然不同的景色。远方的船夫顶着风雨引吭高歌，扬帆归岸。尽管风浪使小船摇摆不定，行进缓慢，但船夫们却精神抖擞，一声比一声有力。雨停了，风息了，远处的夕阳火一样地燃烧着，晚霞鲜艳得如同一面战旗，一切显得那么生机勃勃。他自己也感到奇怪，仅仅一级之差、一眼之别，却是两个不同的世界。

他的心情被眼前的图画渲染得明朗起来。老人说："看见了吗？绝望时，你站在下面，山腰在下雨，能看到的只是头顶沉重的乌云和眼前冰冷的峭壁，而换了个高度和不同的位置后，山顶上却风清日丽，另一番充满希望的景象。一级之差就是两个世界，一念之差也是两个世界。孩子，记住，在人生的苦难面前，你笑，世界不一定笑，但你哭脚下肯定是泪水。"

几年以后，他有了自己的文化传播公司。他的办公室里一直悬挂着一幅山水画，画中是一老一少坐在山顶手指远方，那里有晚霞夕阳

和逆风归航的船只。题款为："再上一级，高看一眼"。

当你以为不能忍受的事情出现时，请换一个角度看待人生，换个角度，便会产生另一种哲学，另一种处世观念。

一样的人生，异样的心态。换个角度看待人生，就是要大家跳出来看自己，跳出原本的消极思维，以乐观豁达、体谅的心态来观照自己、突破自己、超越自己。你会认识到，生活的苦与乐、累与甜，都取决于人的一种心境，牵涉人对生活的态度、对事物的感受。你把自己的高度升级了，跳出来换个角度看自己，就会从容坦然地面对生活，你的灵魂就会在布满荆棘的心灵上做出勇敢的抉择，去寻找人生的更高境界。

不幸就像一把刀，可以把我们割伤，也可以为我所用

困难可以将一个人击垮，也可以使一个人振作。这取决于如何去看待和处理困难。

美国，一所大学校舍里，住着两个大学生，一个叫法兰克，另一个叫保罗。贫穷的保罗几乎从大学二年级开始就不得不靠向同学四处借债度日。毕业时，负债达 1200 美元之多的保罗不辞而别，从此在同

学中销声匿迹。

纷纷找上门来追讨保罗的债主要法兰克有机会时转告保罗,他们将向保罗提出诉讼。法兰克努力劝说这些愤怒的同学,他说凭他平日里对保罗的了解,保罗虽穷困至极,但他从未被穷困击倒过,他拥有着坚强的毅力,而坚毅的人总会有出头之日。他要求这些同学再耐心等待一段时间。

凭借法兰克出众的人格魅力与沟通才能,诉讼风波暂时平息了,时间一过就是十年。十年后,在一次法兰克召集并主持的同学会中,有一个形容瘦削的人中途赶来,仔细一看,此人竟是保罗。

保罗从怀中掏出一张皱折斑斑的纸片,告诉在座的同学:"我今天是来还债的,我所借过的每一分钱都详详细细地记录在这张纸上……"

直到这时大家才知道,当时保罗负债离去之后并没有回家,在找遍工作不成之后,他上了一艘远洋货轮,做了一个勤杂工,他随货轮跑遍了大半个地球。最后辗转到了瑞士,登上陆地后,他找了一份做小学教师的工作,并用微薄的工资积存够了他当年所欠下的债款……

听完保罗的讲述,会场一片沉默,直到法兰克走上前去热烈地拥抱了保罗,大家才醒过神来。

人世中不幸的事如同一把刀,它可以为我们所用,也可以把我们割伤。关键要看你握住的是刀刃还是刀柄。遇到困难时,如果握着"刀刃",就会割到手;如果握住"刀柄",就可以用来割东西。

经得起生活的折磨，你就能赢得不一样的生活

对待那些不可抗的因素，我们多数人或许还能够释怀，但对待那些人为的折磨，我们多数人也许就要耿耿于怀了。

我们是否可以换一种心态去看待呢？别把它当成消极的打压，要把它当成一种促进我们成长的积极因素。生命是一个不断蜕变的过程，有了折磨它才能进步，才能得到升华。如果说你已经是成功者，那么不妨回忆一下，真正促成我们成功的，除了自身的能力、亲友的鼓励以外，是不是还有别人的折磨？不管那些人是善意还是恶意，他们在折磨你的同时，是不是也成全了你？这种痛苦是不是让你变得更加睿智、更加成熟？

每一种折磨或挫折，都隐藏着让人成功的种子，那些正在向成功努力的人更应该看清这一点，不要害怕别人的折磨，更不要因此萎靡不振。事实上，我们从小到大一直在经受着某种意义上的折磨：老师对于我们落后的批评、同学对于我们错误的指责、朋友对于我们偏差的纠正、父母偶尔扬起的巴掌……这一切一切，我们都把它当成理所当然，因为我们知道，每一次的折磨，都像在我们脚下垫了一块砖，让我们站得更高，看得更远。那为什么现在，我们的心智更加成熟了，反倒无法释怀了呢？或许真是因为我们觉得自己长大了，我们觉得自己不再需要鞭策；又或者我们太希望人生能够一帆风顺，我们心中的"自我意识"容不得别人的侵犯。但事实上，我们错了！你要知道，没有经历过折磨的雄鹰不可能高飞，没有被生活折磨过的人不可能坦然看世间。其实，那些折磨过我们的人和事，往往正是人生中最受用的经历。你不觉得它就像牡蛎一样吗？虽然会喷出扰乱前途的沙子，可是内涵却在于体内那一颗颗绚丽的"珍珠"！

所以，当有人折磨你时，不妨想想罗曼·罗兰的那句话——"从远处看，人生的不幸折磨还很有诗意呢！"是的，这个时代，诸多竞争对手使我们立于没有硝烟的战场之中，也许我们无法选择，也许这场战争使我们饱受折磨，但是我们完全可以把它当成充满诗意的鞭策，就让别人来驱散我们的惰性，逼着我们不断向前。假如大家能够具备这种心态，那我们就可以成功了。

转念一想，幸福原来无时不有，无处不在

生活的现实对于每个人本来都是一样，但一经各人不同"心态"的诠释后，便代表了不同的意义，因而形成了不同的事实、环境和世

界。心态改变，事实就会改变；心中是什么，世界就是什么。

有位朋友，干什么都不顺利，濒临崩溃，他觉得自己的人生暗无天日，似乎已经找不到活下去的理由。他找到心理医生，诉说着自己的失意与苦恼。

心理医生听完他的抱怨，取来一张中间带有黑点的白纸："先生，用你的心去看，你看到了什么？"

"不就是一个黑点么？还有什么？"他感到莫名其妙。

"这么大一张白纸你都没有看到？"心理医生故作惊讶，"那好吧，既然你眼中只有黑点，就盯着这个黑点看2分钟。记住！不能将眼睛移向别处，看看你会有什么发现。"

他依言而行。

"黑点似乎变大了。"

"是的，如果将眼睛集中在黑点上，它就会越来越大，乃至充斥你整个人生，这是非常不幸的。"说着，心理医生又取来一张黑纸，中间部位画有一个白点："你再看看这张。"

他似乎有所领悟："是个白点，如果我一直看下去，它也会越来越大，对吗？"

"非常正确！如果你的心能够在黑暗中看到光明，并将它集中在光明上，你的世界也会越发明亮起来。"

人这一辈子，短暂也好、漫长也好，都需要用心去感悟、用心去品味、用心去经营。人生是一个在摸索中前进的过程，既然是摸索，就免不了有失误，免不了要受挫折，事实上，没有人能够不受一丝风

篇三　在痛苦的深处微笑，你要变得坚强

雨地走完人生。只不过，在相同的情况下，人们不同的心态决定了各自的人生质量。

有的人其实一直生活在幸福中，却总是感到备受煎熬，因为他习惯了盯着生活中的"黑点"：某一个困难、某一次挫折，甚至可能就是一点点的不如意，就会唤起他们的消极想象，心灵被一种渗透性的负面因素所左右，黑点被越放越大，遮住了生活中原本的美好。其实，这种"糟透了"的感觉并不是事实，而是一种被严重夸大的、歪曲的消极意识和心理错觉。这种惯性的却又十分荒谬的心理倾向，其实正是使我们心灵备受煎熬的罪魁祸首。

真正快乐的人都善于做积极思考，他们看到的多是生活中的"白点"：哪怕处在人生的低谷，他也在接受生命中的阳光。在他们看来，跌倒了并不可怕，重要的是懂得站起来时手里能够抓到一把沙。跌倒了的确会痛，但快乐的人转念一想，手中抓了一把沙也是一种收获，尽管这把沙子看上去毫不起眼，可是积累多了也能聚沙成塔。

生活永远是这样矛盾而又辩证统一的，翻手为云，覆手为雨，在同一环境下，不同的思考会得到不同的心境。

如果有火柴在你的口袋中燃烧起来，可以这样去想：感谢上苍，幸亏我的口袋不是火药库；

如果你的手指扎了一根刺，可以这样去想：幸亏没有扎在眼睛里；

如果你的一颗牙疼，可以这样去想：幸亏不是满口牙疼；

如果你要去郊游，途中突然下起了雨，让人扫兴极了，可以这样去想：老天真是照顾人，这么热的天怕我中暑，及时来降温；

米煮熟了，却忘了关掉电源，结果饭糊了，锅底结了一层厚厚的锅巴，别懊恼，可以这样去想：真好，可以吃到一顿纯绿色、原汁原味的锅巴了；

　　就算是事业失败，你也可以把它看成成功路上的垫脚石，这样的故事有很多很多；

　　……

　　生命中的每一时刻，都去做这种积极的思考，会给我们的人生注入强大而神奇的精神力量，当困境来临之际，你就有能力将困境带来的压力升华为一种动力，将能量引向对己、对人、对社会都有利的方向，在获得心理平衡的同时，就会接近人生的成功。

　　这种积极的思考，其实就是给我们的生活一个假设，假设"黄连"可当"蜂蜜"尝，假设棚顶滴水亦可当作琴声听，假设不幸就是幸运……这样转念一想，你眼前的镜像就会大不一样。从某种意义上讲，这是给我们的心灵一种追求和期待，是一种心境的胜利和收获。

篇三　在痛苦的深处微笑，你要变得坚强

> # 第四章　就算这世界再冷，你也要成为自己的太阳

就算身处逆境，也不要自弃，要像开败的白玉兰一样，在下一个春天再向世界招手。就算身处绝境，也不要绝望，要像万丈天坑底部的一棵狗尾草，昂起毛茸茸的头颅，向着太阳灿烂地微笑。

当灵魂迷失在苍凉天地，还有坚强可以拯救自己

"当灵魂迷失在苍凉的天和地，还有最后的坚强在支撑我身体，当灵魂赤裸在苍凉的天和地，我只有选择坚强来拯救我自己。"有时候，你真的不得不坚强，因为如果你不坚强，没人会替你勇敢。

《上海的金枝玉叶》中描写了这样一个美丽的女子——郭婉莹（戴

西），她是老上海著名的永安公司郭氏家族的四小姐，曾经锦衣玉食，应有尽有。时代变迁，所有的荣华富贵随风而逝，她经历了丧偶、劳改、受羞辱打骂、一贫如洗……一度甚至沦落到在乡下跨鱼塘清粪桶，但那么多年的磨难并没有使她心怀怨恨，她依旧美丽、优雅、乐观，始终保持着自尊和骄傲。她有着喝下午茶的习惯，可是家中早已一贫如洗，烘焙蛋糕的电烤炉早就没了，怎么办？这些年她一直自己动手，用仅有的一只铝锅，在煤炉上烘烤，在没有温度控制的条件下，巧手烘烤出西式蛋糕。就这样，几十年沧桑，她雷打不动地喝着下午茶，吃着自制蛋糕，怡然自得，浑然忘记身处逆境，悄悄地享受着残余的幸福。

这就是坚强，一种生活的态度，淡定而从容。生活就是这样，有时意料之中，有时意料之外。不过悲也好，喜也好，你都得活着，都要面对，等你的年龄到了足以有资格回味往事时，你会发现，那正是你的人生，而这一路陪你走来的，不是金钱、不是欲望、不是容貌，恰恰就是你那颗坚强的心。

也许你有些害怕，于是你不想长大，但很多我们不想经历的，终究还是要经历，长大了就是长大了，就要承受很多东西。人生，从来都是苦大于乐、福少于难的，你得学会苦中作乐，因为如果你不坚强，没人替你勇敢。

或许，如果可以，你更愿意每天随心所欲，不用早起，不用在地铁上拥挤，不必看着老板的脸色，在遭遇挫折以后，不需理睬什么"在哪里跌倒就在哪里站起来"，是的，如果可以，你更愿意蹲下来怀抱双膝，慢慢疗伤……可是，人生没有如果，即使有一千个理由让你黯然消沉，你也必须选择一千零一次的勇敢面对，因为你不坚强，没人替你勇敢。

有时候，看似好友成群，每天的哥们儿义气、姐妹情谊，可真真到了关键时刻，能帮得了自己的却不见一人，所以做任何事情，不要总想着依靠别人，在这个物质至上的社会，你如何百分百确定那人就是真心助你？所以你凡事还得靠自己，因为如果你不坚强，没人替你勇敢。

暴风雨之夜，一只蝴蝶被打落在泥中，它想飞，它拼命挣扎，可是风雨太大，心有余而力不足。在无数次努力失败以后，它大概打算放弃了，这时，一缕阳光射来，映照着它美丽的翅膀，它再一次选择了坚强，经过一次次试飞，它终于挣脱了泥潭，挥动着仍带有泥点的翅膀，在阳光中散发着七彩的光芒。蝴蝶永远知道：如果它不坚强，没人替它勇敢。

人生的绽放，需要你的坚强，没了坚强，你会变得不堪一击，只有经历地狱般的折磨，才会有征服天堂的力量，只有流过血的手指，才能弹出人世间的绝唱！

当每天的坚强成为一种习惯，我们便不会再抱怨天地，你会发现生活不过就是那么一回事，有无奈、有愤恨、有不公、有苦痛，用坚强去面对，它们根本不值一提，不过是生命中的一个插曲。

坚强，显然已经成为一种世界的、民族的趋势，从生存到竞技，从灾难到救援，几乎每一个人都在以乐观、进取来表达着坚强，小到

一个人，大到一个国家，都在不停地努力付出，让自己一天天变得更好。

纵然生命无法掌握，但快乐依然可以由自己主宰

苦难与烦恼，就像三伏天的雷雨，往往不期而至，突然就将我们的生活淋湿，你躲都无处可躲。就这样，我们被淋湿在没有桥的岸边，四周是无尽的黑暗，没有灯火、没有明月，甚至你都感受不到生物的气息。你陷入了深深的恐惧，以为自己进入了人间炼狱，唯唯诺诺不敢动弹。这样的人，或许一辈子都要留在没有桥的岸边，或者是退回到起步的原点，也许他们自己都觉得自己很没有出息。

请记住这句话：无论命运多么灰暗，无论人生多少颠簸，都会有摆渡的船，这只船就在我们手中！每一个有灵性的生命都有心结，心结是自己结的，也只有自己能解，生命，就在一个又一个的心结中成熟，然后绽放光华。

一个成熟的人，应该掌握自己快乐的钥匙，不期待别人给予自己快乐，反而将快乐带给别人。其实，每个人心中都有一把快乐的钥匙，

篇三　在痛苦的深处微笑，你要变得坚强

只是大多时候，人们将它交给了别人来掌管。

有些女士说："我活得很不快乐，因为老公经常因为工作忽略我。"她把快乐的钥匙放在了老公手里；

一位母亲说："儿子没有好工作，老大不小也娶不上个媳妇，我很难过。"她把快乐的钥匙交在了子女手中；

一位婆婆说："儿媳不孝顺，可怜我多年守寡，含辛茹苦将儿子带大，我真命苦。"

一位先生说："老板有眼无珠，埋没了我，真让我失落。"

一个年轻人从饭店走出来说："这家店的服务态度真差，气死我了！"

……

这些人都把自己快乐的钥匙交给了别人掌管，他们让别人控制了自己的心情。

当我们容忍别人掌控自己的情绪时，我们便在头脑中把自己定位成了受害者，这种消极设定会使我们对现状感到无能为力，于是怨天尤人成了我们最直接的反应。接下来，我们开始怪罪他人，因为消极的思考告诉我们：之所以这样痛苦，都是"他"造成的！所以我们要别人为我们的痛苦负责，即要求别人使我们快乐。这种人生是受人摆布的，可怜而又可悲。

积极的思考就是要我们重新掌控自己的人生，拿回让自己快乐的钥匙。

"二战"时期，在纳粹集中营里，有一个叫玛莎的小女孩写过一

首诗：

"这些天我一定要节省，我没有钱可节省，我一定要节省健康和力量，足够支持我很长时间；我一定要节省我的神经、我的思想、我的心灵、我精神的火；我一定要节省流下的泪水，我需要它们很长时间。我一定要节省忍耐，在这些风雪肆虐的日子，情感的温暖和一颗善良的心，这些东西我都缺少。这些我一定要节省，这一切都是上帝的礼物，我希望保存。倘若我很快就失去了它们，我将多么悲伤。"

在生命都遭受到威胁的时刻，这个叫玛莎的小女孩仍然通过积极的暗示让灵魂取暖。她不怨天尤人，而是将希望之光一点点聚敛在心里，或许生命中有限的时间少了，但心中的光却多了。那些看似微弱的火光，足以照亮她所处的阴暗角落。

纵然生命都不能掌握，但快乐依然可以由我们自己来主宰，这就是积极思考的力量。

如果你处在寒冷的冬季，那么就去想象春天的生机，因为冬天来了，春天还会远吗？

如果你遭逢风雨，就去想象射穿乌云的太阳，因为它会带来彩虹的绚丽。

就算人生遭遇到了巨变，只要你去做快乐的思考，你就可以把苦涩的泪水留给昨日，用幸福的微笑迎接未来。

以我观物，万物皆着我之色彩。快乐的源泉是自己，而非他人！你想要快乐，就能制造快乐；你放弃快乐，就只能继续痛苦。以积极的心态去面对你的家人、你的朋友、你的工作，包括你自己，以感恩的心去看待生活，这样是不是快乐会多一点，痛苦会少一点呢？

其实，快乐并不在远方，它就在你身旁，你可以自主选择快乐，而快乐也很愿意自动留下来。

若你觉得生活极不公平，就去创造属于自己的公平

理论上的公平在现实中永远都不存在，抱怨生活的不公非但没有现实意义，反而会产生更大的不公平，所以，你要去适应它。

是的，生活是不公平的！有可能，你比别人有才华、学历又高，但不如你的人就是比你赚得多；有可能你比别人更漂亮，但不如你的人就是比你嫁得好；有可能，你的学历、经验、阅历、年龄都有优势，但不如你的人就是能够找到更好的工作。这一切，你必须去面对，你抱怨也好，诅咒也罢，不公就在那里，它不会改变。

对于生活中存在的不公，我们或许真的无能无力，但我们却可以控制自己面对它的态度，事实上只要你去适应它，就能够在适应的基础上用自己的能力去改造环境，创造公平。

有这样一则寓言，大家看看能够从中领悟到什么。

某人整天抱怨生活对他不公平，抱怨自己的才能不被人赏识，抱

怨上帝拿自己开玩笑。终于，这件事被上帝知道了，上帝来到他的身边，捡起地上的一颗石子扔到石堆里，说："如果石子就是你，把自己找出来。"那人找了好久也没找到，上帝又往石堆里扔了块金子，说："如果金子就是你，把自己找出来。"结果那人一眼就认出了代表自己的金子。

你在这个社会上扮演什么角色，其实完全取决于你自己，每个人刚生出来都是一粒石子，只不过有人将自己锻造成了金子，所以才能受到别人的重视。

如果你还年少，认为世界就应该是绝对公平的，那么只能说你阅历不足，尚且幼稚；如果说你已经成年，还在寻找绝对的公平，那只能说你活得太不现实，甚至有些愚蠢。

高文斐是一个刚刚毕业的大学生，面临着找工作的难题，当然对于他而言，毕业就等于失业了，没有任何家庭背景的他只能靠着自己盲目的自信去寻找工作，然而却总是碰壁。但高文斐从来不认为这是老天对他的不公，他认为这些都是成功必须经历的过程，他要加倍的努力，哪怕找到的工作与自己理想差很多，他也认为这是自己学习的机会。

和他同寝室的张宗瑞则与他相反，他几乎是含着"金钥匙出生的人"，从小学、高中、大学所有的一切都是家长精心安排的，当然也包括他的工作，对于他来说，一切都很顺利，他甚至没有做出任何的努力就获得了别人梦寐以求的工作。张宗瑞的观点就是"这是理所当然的，因为这个社会没有关系是行不通的"。

篇三 在痛苦的深处微笑，你要变得坚强

机缘巧合两人都来到了同一家公司，当然由于家庭背景不同，他们的职位也不同，从而他们的工作状态也完全不同，高文斐珍惜每一次的工作机会，把每一次的难题都当成锻炼自己的过程，就这样他不断地提高，不断地丰富自己；张宗瑞却总是利用自己的家庭的关系逃避工作，逃避劳动，慢慢地，他不但没有进步，反而跟不上别人的脚步。

两年后，高文斐成为该部门的经理，张宗瑞却因为能力不够被淘汰。

生活是不公平的，但你能改变它。

是做石子还是做金子，这要由你来选择。我们需要正确地认识自己，要想让别人在石子堆里轻而易举地发现自己，就去努力，去努力将自己变成一块闪闪发光的金子。假如在你眼里看到了一处处的不公平，你就应该去找到那个能让你改变的不公平，然后用你的方式去影响它们。

不要再抱怨，抱怨是无济于事的，关键是你对于生活的态度。事实上，学会如何面对不公平，远比学会如何评价不公平更重要。不公平在我们的生命中不可抹去，但谁又能说它不是一种契机，坚强的人可以把它当作一种激励，在激励中奋起，让自己和世界都变得更加美好，不公平自然会慢慢转变成公平。

如果你怕苦，就把生活的苦包进内心的糖里

有人说：人之所以哭着来到这个世界，是因为他们知道，从这一刻起便要开始经受苦难。这话说得挺有道理。可是，人的一生不能在哭泣中度过，发泄过后你是不是要思考一下：怎样才能让我们的人生走出困境，焕发出绚丽的色彩，让自己在生命的最后一刹那能够笑着离开？这，需要的是一种积极的心态。

在今天这种激烈的角逐面前，就算曾经在某一领域无往不利、叱咤风云的人物也难免有惊慌失措、做出错误的判断的时候。失败，只是人生的一种常态，不同的是，有些人在困境面前能够不受客观环境影响，不仅没有被击倒，反而将人生推上了更高的层次；有些人则很容易萎靡不振，把人生带入深渊。

前者甚至可以被撕碎，但不会被击倒，他们心中有一种光，那是任何外在不利因素都无法扑灭的、对于人生的追求和对未来的向往；将后者击倒的不是别人，而是他们自己，是他们的心中没有了信念，熄灭了心中的光。

心中有光，就会有信念，就会有力量！

篇三　在痛苦的深处微笑，你要变得坚强

曾见过这样一位母亲，她没有什么文化，只认识一些简单的文字，会一些初级的算术，但她教育孩子的方法着实令人称赞。

她家的瓶瓶罐罐总是装着不多的白糖、红糖、冰糖，那时候孩子还小，每每生病一脸痛苦，她都会笑眯眯地在药里和些白糖，或者用江米纸把药裹进糖里，在瓷缸里放上一刻，然后拿出来。那些让小孩子望而生畏的药片经这位母亲那么一和一裹，给人的感觉就不一样了，在小孩子看来就充满诱惑，就连没病的孩子都想吃上一口。

在孩子们的眼中，母亲俨然就是高明的魔术师，能够把苦的东西变成甜的，把可怕的东西变成令人喜欢的。

"儿啊，尽管药是苦的，但你咽不下去的时候，把它裹进糖里，就会好些。"这是一位朴实的家庭妇女感悟出的生活哲理，她没有文化，但却很懂生活。

这是一种"减法思维"，减去了药的苦涩，就不会难以下咽。如今，她的孩子都已长大成人，也都有了自己的家庭，但每当情绪低落的时候，就会想起母亲说的那句话：把药裹进糖里。

她只是个普通的家庭妇女，在物质上无法给予子女大量的支持，但带给他们的精神财富却足以令其受用一生。她灌输给子女的是一种苦尽甘来的信仰，把生活的苦包进对美好未来的期待之中，就能冲淡痛苦；心中有光，在沉重的日子里以积极的心态做事，就能够改变境况。

其实，我们完全可以把人生当成一个"吃药"的过程：在追求目标的岁月里，我们不可避免地会"感染伤病"，你可以把药直接吃下

去，也可以把它裹进糖里，尽管方式有所不同，但只有一个共同的目的，尽快尽早地治愈伤病，实现苦苦追求的目标。将药裹进糖里减轻了苦痛的程度，在生命力不济之时不妨试试这个方法。

　　生活，十分精彩，却一定会有八九分不同程度的苦，思想成熟的人，应该懂得苦中作乐。痛苦是一种现实，快乐是一种态度，在残酷的现实面前常进行快乐的思考，便是人生的成熟。世界不完美，人情有亲疏，岂能处处如你所愿？让自己站得高一点，看得远一点，赤橙黄绿青蓝紫，七彩人生，各不相同；酸甜苦辣咸，五种滋味，一应俱全；喜怒哀乐悲惊恐，七种情感，品之不尽。成熟，就是阅尽千帆，等闲沧桑，苦并快乐着。

篇四
告别过去那个不争气的自己，
你的未来不是梦

改变！改变！为什么要去改变？因为不满现状，因为有一颗雄心，有一个跟现在环境不能吻合的梦想！学着改变自己，因为你还有未被发现的自己。

第一章　一辈子随波逐流，你不会知道成功的道路在哪里

一个人的价值，不体现在与别人相同的东西上，而体现在与别人不同的东西上。生命的意义在于追求，前进的方向不是大众化的随波逐流，别让自己淹没在熙熙攘攘的人流里，你有自己的路要走。

想得到自己的成功，就不能一直跟在别人后面

对于大多数人来说，生活是平凡而又单调的，但我们要在这平凡中创造出不平凡，在单调中发掘出不单调，这就需要我们去创新，在智慧的涌动中寻求生活的快乐和幸福。创造性活动不是科学家的专利，每个人都可以进行或大或小的创造性活动。创造性活动并非高不可攀，只要我们开动脑筋，改变事物固有的模式，推出令人耳目一新的东西，就是创造。

篇四　告别过去那个不争气的自己，你的未来不是梦

既然是创造，我们就尽量不要去模仿，虽然模仿是人类生存的本能，从出生的那一刻起我们就在模仿，但随着年龄的增长，我们都呈现出了自己的个性，这是一种必须的转变，如果说你的生命中只剩下模仿，就会彻彻底底失去了自我，从而变成一个混在人堆里的平庸之辈，所以在你迈出自己的脚步之前，先提醒自己一下：不要盲从！

美国股市牛气冲天，道·琼斯工业指数首次突破了1000点大关时，人们都把股市当成了一个只赚不赔的金矿，毫无理智地抢购股票，股票价格不断地被刷新。后来，宇航员阿姆斯特朗把美国国旗插上了月球。整个美国社会情绪极佳，经济增长率出奇地高，华尔街也进入了一段最为疯狂的投机时代。但是，投机成功越是炫目，巴菲特越是保持着他近乎机械的理性——华尔街越是兴高采烈，巴菲特却越是感觉不安——"所有的股票价值都被高估，再也找不到值得一买的股票了！"他慨叹道。在这种情况下，该怎么办呢？他的选择是——不玩了！巴菲特毅然关闭了自己的投资公司。此举使他躲过了随后而至的股灾——当众多股民手中的股票变得一文不值，欲哭无泪时，巴菲特却什么损失也没有。

尼克松总统爆出了"水门事件"以后，受此影响，美国因石油危机带来的通货膨胀与经济衰退问题愈发严重，道·琼斯指数跌到了惊人的607点，整个华尔街都紧张得透不过气来。可是，在全美股票市场不景气、众多投资者一筹莫展时，巴菲特却兴奋起来，不知疲倦地选择优秀企业进行收购，一大堆公司上了他购进股票的名单。

当年，《福布斯》杂志对巴菲特作了专访。

记者问他："您对当前股市有什么感想？"

巴菲特轻松地说："现在是该投资的时候了！"

"什么？现在吗？"记者吃惊地问。

"不错，现在是华尔街少有的几个时期之一：美利坚正在被抛弃，没人想要它。但是，当别人害怕时，你要变得贪婪。"巴菲特再次重申了他多次提及的观点。

后来的结果证明了巴菲特的明智。当股市度过黑暗期开始升温时，巴菲特以前所购的股票价格一路飙升，他的个人财富也越滚越大，在《福布斯》"美国400首富排行榜"中名列第82位。

成功有时就站在诸多反对意见的后面！当然，这并不是说，我们应该固执己见，丝毫不听别人的意见。有一点可以肯定：无论成败，你都应该自己做决定，都应自己来承担结果，不必恐惧和犹豫，也不必抱怨和后悔。

我们需要独立的思维，思维不能独立，人生没有主见，那么事业与成功也就无从谈起。何况人口不一，众说纷纭，我们欲听也无所适从，只有把别人的话当作参考，相信自己的判断，按着自己的意愿走，一切才处之泰然。

如果盲目地跟从他人，你只能看到人家的后背，既看不清脚下的路，也无法看清方向，更观赏不了远方的风景，那和盲人又有什么区别？画家如果拿旁人的作品作自己的标准或典范，他画出来的画就没有什么价值。我们只有挣脱束缚，用本性去思考问题，才能取得观念上的突破。生存于现今社会，无须将个性张牙舞爪地袒露在外，这样

篇四　告别过去那个不争气的自己，你的未来不是梦

易引发他人的反感，但没有了个性，生命就会失去光彩，倘若你把整个世界弄到手，却丢了自我，那就等于把王冠扣在苦笑着的骷髅上。

　　世界上最可怕的事情就是迷失了自我，一旦在盲从中失去了自我，那么，无论如何也是换不来成功的。所以希望大家能在做事情之前，冷静思考一下其中的意义，其实，按自己的意愿认真做好一件事情，比追随一百次的潮流更能获得生命的本质。

为你的立场站岗，任何时候都不能没有主见

　　想要成为一个真正的人，首先必须是个有主见的人。你心灵的完整性不容侵犯，当你放弃自己的立场，而想用别人的观点去看一件事的时候，错误便造成了。一个人，只要认为自己的立场和观点正确，就要勇于坚持下去，不必在乎别人如何去评价。

　　这是很重要的一点，也可以说是人生成功的秘诀。不相信吗？曾有人向一位商界奇才询问成功的秘诀。

　　"如果你知道一条很宽的河的对岸埋有金矿，你会怎么办？"商人反问他。

　　"当然是去开发金矿"事实上这是大多数人都会不假思索给出的答案。

商人听后却笑了："如果是我，一定修建一座大桥，在桥头设立关卡收费。"

听者这才如梦初醒。

这就是独立的思维方式，在任何时候都有自己的主见，不从众、不盲从，没有这种持守，事业根本无从谈起。退一步说，众人观点各异，大家七嘴八舌，我们就算想听也无所适从，其实最明智的方法是把别人的话当作参考，坚持自己的观点按着自己的主张走路，一切才会处之泰然。

20世纪60年代，每个田径教练都这样指导跳高运动员：跑向横竿，头朝前跳过去。理论上讲，这样做没错，显然你要看着跑的方向，一鼓作气全力往前冲。可是有个名叫迪克·福斯贝利的运动员，他临跳时转身搞了个花样，用反跳的方式过竿。当他快跑到横竿时，他右脚落地，侧转身180°，背朝横竿鱼跃而过。《时代》杂志上称之为"历史上最反常的跳高技法"。当然大家都嘲笑他，把他的创举称为"福斯贝利之跳"。还有人提出疑问，"此种跳法在比赛中是否合法"。但令专家懊恼的是，迪克不仅照跳他的，而且在奥运会上"如法炮制"一举获胜。现在，这已是全世界通行的跳法了。

坚持一项并不被人支持的原则，或不随便迁就一项普遍为人支持的原则，都不是一件容易的事。但是，如果这样做了，你就能体现出自己的价值，甚至还会赢得别人的尊重。

现在，我们生活在一个充满专家的时代。由于大家已十分习惯于依赖这些专家权威性的看法，所以逐渐丧失了对自己的信心，以至于

篇四 告别过去那个不争气的自己，你的未来不是梦

不能对许多事情提出自己的意见或坚持信念。这些专家之所以取代了如此高的社会地位，是我们让他们这么做的。

我们应该改变这种状态，你的人生不应该由别人来指手画脚，我们甚至可以把自己想象成上帝，想想由自己来设计人生和世界，会是什么样？有很多问题，别人说不可以这样，或者以目前的条件不好解决，很多人就不敢碰，但这可能就是我们生活的转折点，你需要从高处俯视你的人生领域。

时间会让我们总结出一套属于自己的审判标准来。举例来说，我们会发现诚实是最好的行事指南，这不只因为许多人这样教导过我们，而是通过我们自己的观察、摸索和思考的结果。很幸运的是，对整个社会来说，大部分人对生活上的基本原则表示认可，否则，我们就要陷于一片混乱之中了。保持思想独立不随波逐流很难，不是件简单的事，有时还有危险性。为了追求安全感，人们顺应环境，最后常常变成了环境的奴隶。然而，无数事实告诉人们：人的真正自由，是在接受生活的各种挑战之后，经过不断追求、拼搏并经历各种争议之后争取来的。

如果我们真的成熟了。便不再需要怯懦地去顺应环境；我们不必藏在人群当中，不敢把自己的独特性表现出来；我们不必盲目顺从他人的思想，凡事都应有自己的观点与主张。我们也许可以做这样的理解："要尽可能从他人的观点来看事情，但不可因此而失去自己的观点。"

只知道服从命令的人，永远做不了自己的将军

有一支德国的小队正在训练，队长说了"齐步走"之后，由于一些事情耽搁，没有发令"立定"，士兵们行进的方向恰好是一条河，在队长想起事情的时候，他的士兵们全部走进了河里，都被淹没了！

德国人的纪律性天下闻名，不过这个故事的真实性还有待考证，当然，对于军队，纪律的绝对服从也确有其特殊的必要性，但是这并不意味着，听话就是正确的。

有一名中文系的学生，用心撰写了一篇小说，请作家批评。因为作家正患眼疾，学生便将作品读给作家听。读到最后一个字，学生停顿下来。作家问道："结束了吗？"听语气似乎意犹未尽，渴望下文。这一问，激起了学生的欲望，立刻灵感喷发，马上接续道"没有啊，下部分更精彩。"他以自己都难以置信的构思叙述下去。

到达一个段落，作家又似乎难以割舍地问："结束了吗？"

小说一定勾魂摄魄，叫人欲罢不能！学生更兴奋，更激昂，更富于创作激情。他不可遏止地一而再、再而三地接续、接续……最后，电话铃声骤然响起，打断了学生的思绪。电话找作家，有急事，作家

篇四　告别过去那个不争气的自己，你的未来不是梦

匆匆准备出门。

"那么，没读完的小说呢？"学生问。

"其实你的小说早就该收笔了，在我第一次询问你是否结束的时候，就应该结束。何必画蛇添足、狗尾续貂呢？该停则停，看来，你还没把握住情节脉络，尤其是缺少决断。决断是当作家的根本，否则，绵延逶迤，拖泥带水，如何打动读者？"

学生追悔莫及，自认性格过于受外界左右，作品难以把握，恐不是当作家的料。

很久以后，这名年轻人遇到另一位作家，羞愧地谈及往事，谁知作家惊呼："你的反应如此迅捷、思维如此敏锐、编造故事的能力如此强盛，这些正是成为作家的天赋呀！假如正确运用，作品一定会脱颖而出。"

两位作家，究竟谁说的对呢？其实，凡事没有一定之论，谁的"意见"都可以参考，但永远不要丢失自己的"主见"，不要让他人的话成为自己前进的障碍。

如果遵照家里的安排，波伏娃很可能就是一个中产阶级主妇，像她妈妈一样遭遇中年危机，可能老公会出轨，然后把所有怨恨都发泄到孩子身上，而不再有机会成为巴黎高师的第二名——第一名是她后来的伴侣萨特。

如果按照长辈的轨迹生活，乔治桑应该在偌大的庄园里默默成长，嫁给和他爸爸差不多大的另一个男爵，过着平顺的日子，而法国将不再有第一个穿长靴马裤出没文学沙龙自己养活自己闪烁着异彩的女

作家。

如果听从父母的意见，相亲嫁人，费雯丽或许只是著名律师霍夫曼的漂亮老婆，不会在亚特兰大熊熊的烈火中闪耀郝思嘉的绿色猫眼，登上奥斯卡领奖台。

如果按照家里的安排，刘德华应该还叫刘福荣，周润发应该还叫"细狗"，现在可能都是香港热闹狭窄的街道上两鬓微白的中年人。

很多人正是因为遵从了自己的意见，才走上了与众不同的道路，虽然未必是坦途，却用自己的方式独立思考，未来充满了惊喜和进步，开辟出了另一片天地。

多年前，在日本福冈县立初中的一间教室里，美术老师正在组织一场绘画比赛，同学们都在认真地按照要求画着画，只有一个小家伙缩在教室的最后一排没按要求作画。他实在不喜欢老师定的命题，于是便信手涂鸦起来。

到了上交作品的时间了，老师看着一张张作品，不住地点头，他深为自己的教育成果感到满意，作品里已经有了学生们自己的领悟，可以说，是对日本传统画作的继承和发展。

但唯有一张画让他大跌眼镜，作者是个叫臼井的小家伙，老师的目光从画作上移到了最后一排，接着看见这个有些另类却又有些特立独行的家伙在冲着他冷笑。

他大声怒斥起来："臼井，你知道你画的是什么吗？简直是在糟蹋艺术。"

小家伙闻听此言，吓得将脑袋垂了下来，老师接下来让大家轮流

篇四 告别过去那个不争气的自己，你的未来不是梦

传看臼井的作品，他用红笔在作品的后面打了无数个"叉叉"，意思是说这部作品坏到了极点。

他画的是一幅漫画，一个小家伙，正站在地平线上撒尿，如此的不合时宜，如此的不伦不类。

这个叫臼井的小家伙一夜出了坏名，学生们都知道了关于他的"光荣事迹"。

这一度打消了他继续画画的积极性，他天生不喜欢那些中规中矩的传统作品，他喜欢信手拈来、一气呵成，让人看了有些不解，却又无法对他横加指责。

在老师的管制下，他开始沿着正统的道路发展，但他在这方面的悟性实在太差了。

期末考试时，他美术考了个倒数第一名，老师认为他拖了自己班的后腿，命令他的家长带着他离开学校。

他辍了学，连最起码的受教育的权利也被剥夺了，于是，他开始了流浪生涯，不喜欢被束缚的他整日里与苍山为伍，与地平线为伴，这更加剧了他的狂妄不羁。

那一年春天，《漫画 ACTION》杂志上发表了《不良百货商场》的漫画作品，里面的小人物不拘一格，让人忍俊不禁，读来爱不释手。作品一上市，居然引起了强烈的反响，受到长久束缚的日本人在生活方式上得到了一次新的启发，他们喜欢这样的作品。

又一年，一部叫《蜡笔小新》的漫画风靡开来，漫画中的小新生性顽皮，做了许多孩子愿意却不敢做的事情，典型的无厘头却得到了

意想不到的结果，被拍成动画片后，所有人都记住了小新，以至于不得不加拍了续集。

臼井仪人，这个天生邪气逼人的漫画家，注定不会走传统的老路，如果他仍然沿着固有的道路发展，恐怕这世上不会有蜡笔小新的诞生。

关于你的未来，只有你自己才知道。既然解释不清，那就不要去解释。没有人在意你的青春，也别让别人左右了你的青春。

活在别人的意愿里，自己的世界又在哪里

杨晓燕曾经是个活泼开朗的女孩，喜爱唱歌跳舞，学的专业是幼师专业，但是她毕业后，父母却托人把她安排到了一个机关工作。

这份工作在外人看来是不错的，收入高，福利也很好，但杨晓燕觉得机关的工作枯燥乏味，整天闷在办公室里，简直快把人憋疯了，她每天都迫不及待地要回家。可是回到家心情也不好，看见什么都烦，本来想着自己的男友会安慰安慰自己，可是偏偏男友又是个不善言辞的人，向他诉苦，他最多说："父母给你找这么一份好工作不容易，还是先干着吧。"

杨晓燕很郁闷，工作没多久，她的性格就变了，整日郁郁寡欢。就这样一年又一年，杨晓燕越来越觉得自己的人生毫无意义，她不止

一次地问自己：我活着究竟为了什么？没有理想、没有目标，她都不知道自己多久没有真心地笑过了。

人，到底是为了什么而活？为了父母？为了钱？还是为了爱情？事实上，人应该是为自己而活。人一生的时间有限，所以不应该一味为别人而活，不应该被教条所限，不应该活在别人的观念里，不应该让别人的意见左右自己内心的声音。最重要的是，应该勇敢地去追随自己的心灵和直觉，只有自己的心灵和直觉才知道自己的真实想法，其他一切都是次要。

如果自我感丧失，那么生活将是苦不堪言的，没有自我的人生必然索然无味，一个人若是失去了自我，就没有了做人的尊严，更不能获得别人的尊重。人活着就是为了实现自己的个人价值，按照自己的意愿去活，不去迎合别人的意见。每个人都应该坚持走为自己的道路，不为流言所吓倒，不受他人观点的牵制。

毫无疑问，这是有一定困难的，如果周围的压力令你感到难堪，那么你是无法完全摆脱这种压力的，但是，不要因此就屈服，活在别人的意愿里，因为这并不表示你自己的"疆界"就已经宣告结束，你也用不着把你的疆界缩小。在你心中，也许有些力量正在你内心深处冬眠，等着你在适当的机会发掘及培养。

一味地迁就别人，就是对自己的不尊重

佳丽没别的毛病，就是天生的耳根子软，别人说什么她听什么，大家背地里都戏称她为"应声虫"。比如说中午订餐，同事问佳丽吃什么，她犹犹豫豫地想了一会儿说："吃扬州炒饭吧！"同事一听："扬州炒饭有什么好吃的，就要鱼香肉丝盖饭吧！"佳丽赶紧点头："行，行，行！"不但生活中这样，工作中也是这样，她从来也提不出什么像样的意见，什么事都听人家的，所以单位里开会时，佳丽永远是坐在角落里发呆的那一个。像她这样，又怎能得到老板的重视呢？

办事没有原则，有时就表现为一味地迁就、顺从别人。由于自己没有立场，所以很容易被他们所诱惑或利用。迁就别人，表面看来是和善之举，但实际上则是软弱的表现。软弱到一定程度，就会逐渐失去自信力，没有自信力的人是很难成就什么大事业的。有时，性格上的自卑和懦弱，也表现为没有自己的立场和观点。自卑，就会觉得处处不如别人，怯懦则往往会导致卑微。时时看着别人的脸色行事，怎么能走自己的路呢？其实，我们做人根本无须这样。

要知道，凡事都要有个度，不能过度，否则就是没有原则。什么

篇四 告别过去那个不争气的自己，你的未来不是梦

事情没有原则，只会带来不良后果，而不会有什么好的结局。

一个人出门去旅行，走啊走，走的脚都起泡了。腿开始大声向主人抗议："停下来！为什么受累的只有我，你为什么不试试让手走路？""可是手本来就不是用来走路的呀！"主人为难地说，但在腿的坚持下，他只好趴在地上，用手艰难地往前走，不一会儿手就磨破了，手也朝主人发起火来，正在这时，一个骑着马的人从后面赶来，看到走路人的窘状，就说：愿意把马让给路人骑，但希望路人送他一条腿，那个人本来坚决不同意，但在手和脚的劝说下，他还是割了一条腿，当然从此以后他再也不能从马上下来走路了。

人总要有自己的原则、自己的立场，不能只一味迁就别人，一点主见也没有。这里的原则既包括办事的方法，也包括日常生活中为人和处事的立场原则，少了哪个都会给你带来困难，并将影响你的生活。

著名漫画家蔡志忠先生讲过这样一句话："每块木头都是座佛，只要有人去掉多余的部分；每个人都是完美的，只要除掉缺点和瑕疵。"正是如此，每个人都有他自己的长处，为什么非要去迎合别人的口味呢？

人若想主宰自己的生活、主宰自己的事业，就要在做事之前多动动脑筋，不要轻易听从他人的意见，要有自己做事的规则。这样做，有时会使你收到意想不到的效果。

不怀疑不能见真理

"打开一切科学的钥匙毫无疑问都是问号,而生活的智慧,大概就在于逢事都问个为什么。"世界上很多功业都源于"疑问",质疑便是开启创意之门的钥匙。

认清这一点对做学问的人来说尤为重要。我们来看看"学问"这个词,它所表达的意思就是"多学多问",就是要善于发现问题,然后才能通过努力解决问题,这样,学问才能有所进步。

一位大师弥留之际,他的弟子都来到病榻前,与他诀别。弟子们站在大师的面前,最优秀的学生站在最前边,在大师的头部,最笨的学生就排到了大师的脚边。大师气息越来越弱,最优秀的学生俯下身,轻声问大师:"先生,您即将离开我们,能否请您以最简洁的话告诉我们,人生的真谛是什么?"

大师酝酿了一点力气,微微抬起头,喘息着说:"人生就像一条河。"

第一位弟子转向第二聪明的弟子,轻声说:"先生说了,人生就像一条河。向下传。"第二聪明的弟子又转向下一位弟子说:"先生说了,人生就像一条河。向下传。"这样,大师的箴言就在弟子间一个接着一

篇四　告别过去那个不争气的自己，你的未来不是梦

个地传下去，一直传到床脚边那个最笨的弟子那里，他开口说："先生为什么说人生像一条河？这是什么意思呢？"

他的问题被传回去："那个笨蛋想知道，先生为什么说人生像一条河？"

最优秀的弟子打住了这个问题。他说："我不想用这样的问题去打扰先生。道理很清楚：河水深沉，人生意义深邃；河流曲折，人生坎坷多变；河水时清时浊，人生时明时暗。把这些话传给那个笨蛋。"

这个答案在弟子中间一个接着一个传下去，最后传给了那个笨弟子。但是他还坚持提问："听着，我不想知道那个聪明的家伙所解释意思，我想知道先生自己的本意是什么。'人生像一条河'，先生说这句话，到底要表达什么意思？"

因此，这个笨弟子的问题又被传回去了。

那个最聪明的学生极不耐烦地再俯下身去，对弥留之际的大师说："先生，请原谅，您最笨的弟子要我请教您：'您说人生就像一条河，到底是什么意思？'"

学问渊博的大师使出最后一点力气，抬起头说："那好，人生不像一条河。"说完，他双目一闭，与世长辞了。

这个故事说明了什么呢？

如果那个"笨学生"没有提出疑问，抑或大师在回答之前死去，他的那句话"人生就像一条河"，也许就会被奉为深奥的人生哲学，他的忠实门生们会将这句话传遍天下，可能有人也会以此为题著书、拍电视等等，但大师的本意是什么？无从得知。

或许我们可以做这样的猜想：大师在生命的最后时刻想要告诉学

161

生——真理与空言之间往往没有多大的差异。在接受别人所谓的箴言或者板上钉钉的道理时,要在头脑中多想想"为什么",不要怕提出"愚蠢"的问题,也不要被专家们吓倒,质疑是每个人所拥有的权利,也是人类进步的助推器。如果没有质疑,我们看不到达尔文的"人猿同祖论",看不到哥白尼的"日心说",我们可能还生活在最原始的社会。

遗憾的是,现在的很多年轻人并不善于质疑,更不善于发现,他们拘泥于书本上的内容,完全地照本宣科,凡是书本上说的,就是正确的,凡是权威人士认定的,就绝不会有错。事实上,这些人不可能做出什么有创意的事情,而且若是这样的人多了,人类的文明也就会停滞不前。

从哲学的角度上说,办任何事情都没有一定之规,人生要的就是突破,突破过去就是成功。只是我们之中很多人在处理问题时,习惯性地按照常规思维去思考,一味固守传统、不求创新、不敢怀疑,所以往往会走入人生的死胡同。记住伯恩·崔西的提醒:"很多事之所以会失败,是因为没有遵循变通这一成功原则。"大千世界变幻无穷,生活在这样复杂的环境中,是刻舟求剑、按图索骥,还是举一反三、灵活机动,将直接决定你的生存状态。

我们要做到不固守成法,就要敏于生疑,敢于存疑,能于质疑,并由此打破常规、推陈出新。当然,推陈出新必然会存在风险,因而,我们应允许自己犯错误,并从错误中吸取经验、教训,借以弥补自己的不足。不过,不固守成法也并不意味着盲目冒险,做任何创新性举动之前,我们都应做好充分的评估与精确的判断,将危险成本控制在合理的范畴之内,使变通产生最好的效果。

第二章 从恐惧的阴影里走出来，你的生命需要胆量去张扬

命运害怕勇敢的人，而专去欺负胆小鬼。谁若是有一刹那的胆怯，也许就放走了幸运在这一刹那间对他伸出的橄榄枝。

万无一失意味着止步不前，那才是最大的危险

要求"保证什么都不会出差错"的人，一般都不能成什么大气候。世界上任何领域的一流高手，都是靠着勇敢面对他人所畏惧的事物才成功的，而一些取得了成功的人，也都是如此，都是以冒险的精神作为后盾的。

冒险是每个人都无法逃避的生存法则，在我们每个人的成长经历中，都经过无数次的冒险：在幼儿时期，我们敢冒险地站起来学走路；年纪稍长时，冒险学骑自行车；如果有条件，有人还冒险学开汽车，学游泳、学跳伞……冒险需要勇气，而有了勇气，才可能动手去做事，

没有勇气什么事都做不成。有勇气的人也会害怕，但是他会克服自身的恐惧，向未知的世界迈进，而那些缺乏勇气的人只能平庸地生活，像蜗牛一样地缓缓前行。

也许我们今天已变得稳健而保守，如果这样的话，就需要重新拾回失去的冒险本能，培养勇敢的冒险精神。

成功与财富，甚至你想拥有的每一样东西，每一项技能都不是与生俱来的，要得到这些，一定要经过冒险的阶段，并发挥"越失败，越勇敢"的精神，尝试，再尝试，才可能获得。

人类的进步与冒险精神是紧密相连的，甚至从某种意义上说正是因为人类的冒险精神才促进了人类的进步。哥白尼的天体运行学说、美洲新大陆的发现等，无数的事例证明了人类的一系列发现和创造都是从冒险开始的。勇于冒险的人，并非不惧风险，只是因为他们能认清风险，进而克服对风险的恐惧。勇气源于控制恐惧，培养冒险精神则始于对风险的了解，特别是对风险所造成的后果的了解。

敢想敢做是一笔宝贵的财富，它在使人冲动的同时却又给予人们以热情、活力与敢向一切挑战的勇气，但是在懦夫眼里，无论干什么都是很危险的。

有一个人从小没有看见过海，他很想看一下大海到底是什么样的。有一天他得到一个机会，当他来到海边，那儿正笼罩着雾，天气又冷。"啊！"他说，"我不喜欢海，真庆幸我不是水手，当一个水手太危险了。"

在海岸上，他遇见一个水手，他们交谈起来。

篇四　告别过去那个不争气的自己，你的未来不是梦

"你怎么会爱海呢？"这个人奇怪地问，"那儿弥漫着雾，又冷。"

"海不是每天都冷和有雾，有时，大海是很美丽的，无论什么天气，我都爱海。"水手说。

"当一个水手不是很危险吗？"

"当一个人热爱他的工作时，他就不会再害怕什么危险，我们家的每一个人都爱海。"水手说。

"你的父亲现在何处呢？"

"他死在海里。"

"你的祖父呢？"

"死在大西洋里。"

"既然如此，"这个人带着同情和惋惜的语气说，"如果我是你，我就永远也不到海里去。"

"那你愿意告诉我你父亲死在哪儿吗？"

"啊，他在床上断的气。"

"你的祖父呢？"

"也是死在床上。"

"这样说来，如果我是你，"水手说，"我就永远也不到床上去了。"

一个人在冒险的过程中，就会让自己原本平淡无聊的生活变得激动人心，如果你能勇于冒险求胜，你就能比你想象的做得更好。

吉姆·伯克晋升为约翰森公司新产品部主任后的第一件事，就是要开发研制一种儿童使用的胸部按摩器，然而，这种产品的试制失败了，伯克心想这下完了，可能只好卷铺盖走人了。

伯克被召去见公司的总裁，不过，他受到了意想不到的接待。"你就是那位实验失败者吗？"罗伯特·伍德·约翰森问道，"好，我倒要向你表示祝贺。你能犯错误，说明你勇于冒险，如果缺乏这种精神，我们的公司就不会有发展了。"数年之后，伯克已经成了约翰森公司的总经理，但他依然始终牢记着前总裁说的这句话。

勇气和财富之间的关系是显而易见的，因为风险和收益往往是同时存在的。不管做什么生意，风险都是客观存在的，追求财富本身就是一种需要尝试者勇敢地面对风险、征服风险的事情，而且在一般情况下，风险越大，回报也就越大。因此，勇气的有无和大小，往往是贫穷和富有之间的分界线。

人生需要勇敢尝试，机遇与风险随时相伴

在这个世界上，有人会待在洞穴里，把未知的明天当作威胁，有人会攀到树梢上，把可能的威胁视为机遇；有人生性胆怯，因为他不知道自己需要见证卓越，有人会对困难报以不屑，因为他知道自己正活出真切。一个人，只有摆脱洞穴里的懦弱的影子，扯断枷锁捆绑的懦弱，才能够最终赢得这个世界。

其实，每个人都有一个好运降临的时候，若不及时抓住或竟顽固

篇四　告别过去那个不争气的自己，你的未来不是梦

地抛开机遇，那就不能怨命运在捉弄他，这要归咎于他自己的疏懒和荒唐，这样的人最应抱怨的其实是自己。

如今，从市值上看，苹果电脑公司已经成为超级企业。一直以来，大家都只知道已故的乔布斯先生是苹果公司的创始人，其实在30多年前，他是与两位朋友一起创业的，其中一名叫惠恩的搭档，被美国人称为"最没眼光的合伙人"。

惠恩和乔布斯是邻居，两个人从小都爱玩电脑。后来，他们与另一个朋友合作，制造微型电脑出售。这是又赚钱又好玩的生意。所以三个人十分投入，并且成功地制造出了"苹果一号"电脑。在筹备过程中，他们用了很多钱。这三位青年来自于中下阶层家庭，根本没有什么资本可言，于是大家四处借贷，请求朋友帮忙。三个人中，惠恩最为吝啬，只筹得了相当于三个人总筹款的十分之一。不过，乔布斯并没有说什么，仍成立了苹果电脑公司，惠恩也成为了小股东，拥有了苹果公司十分之一的股份。

"苹果一号"刚一亮相便大受市场欢迎，共销售了近10万美元，扣除成本及欠债，他们赚了4.8万美元。在分利时，虽然按理惠恩只能分得4800美元，但在当时这已经是一笔丰厚的回报了。不过，惠恩并没有收取这笔红利，只是象征性地拿了500美元作为工资，甚至连那十分之一的股份也不要了，便急于退出苹果公司。

当然，惠恩不会想到苹果电脑后来会发展成为超级企业。否则，即使惠恩当年什么也不做，继续持有那十分之一的股份，到现在他的身价也足以达到10亿美元了。

那么，当年惠恩为什么会愿意放弃这一切呢？原来，他很担心乔布斯，因为对方太有野心，他怕乔布斯太急功近利，会使公司负上巨额债务，从而连累了自己。

惠恩在放弃与乔布斯一起合作的同时，也就宣告与成功及财富擦肩而过了。可以说，这件事给像惠恩一样胆小怕事的人好好地上了一课。

机遇对于每个人来说都是平等的，问题是，它来了，你在做什么、想什么？你是不是只看到了其中的危机，然后畏首畏尾无所作为呢？危机，对于胆大的人来说，是避开危后的财富机会，而对胆小的人来说，则眼睛只会看到危险，白白浪费和错过机遇。这个社会虽然很复杂，但机会对每一个人来说其实是平等的。

我们身边每天都会围绕着很多的机会，包括爱的机会，可是我们经常因为害怕而停止了脚步，结果机会就这样偷偷地溜走了。此刻，在你的生命里，你想做什么事，却没有采取行动；你有个目标，却没有着手开始；你想对某人表白，却没有开口；你想承担某些风险，却没有去冒险……这些，恐怕多得连你自己都数不清吧？也许很久以来你都在渴望做这些事，却一直耽搁下来，是什么因素阻止了你？是你的恐惧！恐惧不只是拉住你，还会偷走你的热情、自由和生命力。是的，你被恐惧控制了，它在消耗你的精力、热忱和激情，你被套上了生活中最大的枷锁，就是活在长期的恐惧里——害怕失败、改变、犯错、冒险以及遭到拒绝。这种心理状态，最终会使你远离快乐，丢失梦想，丧失自由。

篇四　告别过去那个不争气的自己，你的未来不是梦

你现在看到的风险，也许正是实现梦想的转机

大凡成大事者，无不慧眼辨机，他们看到的不仅是风险，更在风险中发现并抓住了机会。

敢冒风险的人才有最大的机会赢得成功。

机会常与风险并肩而来。有的人看见风险便退避三舍，再好的机会在他眼中都失去了魅力。

我们虽然不赞成赌徒式的冒险，但任何机会都有一定的风险性，如果因为怕风险就连机会也不要了，无异于因噎废食，"爷爷倒脏水连孩子一块倒掉了"。

美国金融大亨摩根就是一个善于在风险中发掘机会的人。

摩根诞生于美国康涅狄格州哈特福德的一个富商家庭。摩根家族160年前后从英格兰迁往美洲大陆。最初，摩根的祖父约瑟夫·摩根开了一家小小的咖啡馆，积累了一定资金后，又开了一家大旅馆，既炒股票，又参与保险业。可以说，约瑟夫·摩根是靠胆识发家的。一次，纽约发生大火，损失惨重。保险投资者惊慌失措，纷纷要求放弃自己的股份以求不再负担火灾保险费，约瑟夫横下心买下了全部股份，然

后，他把投保手续费大大提高。他还清了纽约大火赔偿金，信誉备增，尽管他增加了投保手续费，投保者还是纷至沓来。这次火灾，反使约瑟夫净赚15万美元。就是这些钱，奠定了摩根家族的基业。摩根的父亲吉诺斯·S.摩根则以开菜店起家，后来他与银行家皮鲍狄合伙，专门经营债券和股票生意。

生活在传统的商人家族里，经受着特殊的家庭氛围与商业熏陶，摩根年轻时便敢想敢做，颇富商业冒险和投机精神。1857年，摩根从德哥廷根大学毕业，进入邓肯商行工作。一次，他去古巴哈瓦那为商行采购鱼虾等海鲜归来，途经新奥尔良码头时，他下船在码头一带兜风，突然有一位陌生白人从后面拍了拍他的肩膀："先生，想买咖啡吗？我可以半价出售。"

"半价？什么咖啡？"摩根疑惑地盯着陌生人，

陌生人马上自我介绍说："我是一艘巴西货船船长，为一位美国商人运来一船咖啡，货到了，可是那位美国商人却破产了。这船咖啡只好在此抛锚……先生！您如果买下，等于帮我一个大忙，我情愿半价出售。但有一条，必须现金交易。先生，我是看您像个生意人，才找您谈的。"

摩根跟着巴西船长一道看了看咖啡，成色还不错。想到价钱如此便宜，摩根便毫不犹豫地决定以邓肯商行的名义买下这船咖啡。然后，他兴致勃勃地给邓肯发出电报，可邓肯的回电是："不准擅用公司名义！立即撤销交易！"

摩根勃然大怒，不过他又觉得自己的确太冒险了，邓肯商行毕竟

篇四 告别过去那个不争气的自己，你的未来不是梦

不是他摩根家的。自此摩根便产生了一种强烈的愿望，那就是开自己的公司，做自己想做的生意。

摩根无奈之下，只好求助于在伦敦的父亲。吉诺斯回电同意他用自己伦敦公司的户头偿还挪用邓肯商行的欠款。摩根大为振奋，索性放手大干一番，在巴西船长的引荐之下，他又买下了其他船上的咖啡。

摩根初出茅庐，做下如此一桩大买卖，不能不说是一次冒险。但上帝偏偏对他情有独钟，就在他买下这批咖啡不久，巴西便出现了严寒天气，一下子使咖啡大为减产。这样，咖啡价格暴涨，摩根便顺风迎时地大赚了一笔。

从咖啡交易中，吉诺斯认识到自己的儿子是个人才，便出了大部分资金为儿子办起摩根商行，供他施展经商的才能。摩根商行设在华尔街纽约证券交易所对面的一幢建筑里，这个位置对摩根后来叱咤华尔街乃至左右世界风云起了不小的作用。

这时已经是1862年，美国的南北战争正打得不可开交。林肯总统颁布了"第一号命令"，实行了全军总动员，并下令陆海军对南方展开全面进攻。

一天，克查姆——一位华尔街投资经纪人的儿子、摩根新结识的朋友，来与摩根闲聊。"我父亲最近在华盛顿打听到，北军伤亡十分惨重。"克查姆神秘地告诉他的新朋友，"如果有人大量买进黄金，汇到伦敦去，肯定能大赚一笔。"

对经商极其敏感的摩根立时心动，提出与克查姆合伙做这笔生意。克查姆自然跃跃欲试，他把自己的计划告诉摩根："我们先同皮

鲍狄先生打个招呼，通过他的公司和你的商行共同付款的方式，购买四五百万美元的黄金——当然要秘密进行，然后，将买到的黄金一半汇到伦敦，交给皮鲍狄，剩下一半我们留着。一旦皮鲍狄将黄金汇款之事泄露出去，而政府军又适逢战败之时，黄金价格肯定会暴涨；到那时，我们就堂而皇之地抛售手中的黄金，肯定会大赚一笔！"

摩根迅速地盘算着这笔生意的风险程度，爽快地答应了克查姆。一切按计划行事，正如他们所料，秘密收购黄金的事因汇兑大宗款项走漏了风声，社会上传出大亨皮鲍狄购买了大量黄金的消息，"黄金非涨价不可"的议论四处流行。于是，很快形成了争购黄金的风潮。由于这么一抢购，金价飞涨，摩根一看火候已到，迅速抛售了手中所有的黄金，趁混乱之机又大赚了一笔。

这时的摩根虽然年仅 26 岁，但他那闪烁着蓝色光芒的大眼睛，看去令人觉得深不可测；再搭上他那短粗的浓眉、胡须，会让人感觉到他是一个深思熟虑、老谋深算的人。

此后的一百多年间，摩根家族的后代都秉承了先祖的遗传，不断地冒险，不断地投机，不断地暴敛财富，终于打造了一个实力强大的摩根帝国。

机会常常与风险结伴而行，结伴而来的风险其实并不可怕，就看你有没有勇气去抓住机会，敢冒风险的人才有最大的机会赢得成功。

篇四　告别过去那个不争气的自己，你的未来不是梦

思来想去不决断，一辈子找不到最好的答案

一个人要想把握住机遇，掌握自己的命运，除了具备独立的个性以外，更需要培养一种果断的个性。性格果断的人能抓住机遇，而性格优柔寡断的人就会失去机遇。

在选择面前，在机遇面前，在困惑面前，在众人面前需要决策时，果断，会显得难能可贵；果断，是一种性格，也是一种气质，它会让身边的人体验到雷厉风行的快感；果断更是一种意境。只有果断行事、当机立断的人，才会让人钦佩、羡慕、依赖并从中获得安全感；很多人之所以一事无成，就是因为他们总在行动之前为自己设置思想上的障碍，结果就总是停留在起点上。

张广源是个很有理想的年轻人，但他到了36岁却还没有什么作为，因为他有一个坏习惯：在行动之前总是想得太多。三年前他曾经想开一家高档洗衣店，朋友们很支持他的想法，鼓励他赶快行动。但张广源的"老毛病"又发作了，他开始犯起了嘀咕：如果客人太挑剔怎么办？我只买得起国产的干洗机，虽然市场调查显示，很多人都有这个消费能力，可万一我真开了，没有客人怎么办……张广源琢磨了

好久，朋友急了，多次催促他，他嘴里说着过两天就去选店面，但却迟迟不行动，时间久了，开店计划也就不了了之了。三年中，城里陆续开了很多干洗店，生意都很红火，张广源又痛又悔。朋友劝他现在开店也来得及，但张广源又开始为自己开店能否有竞争力而烦恼了起来。

行动都还没开始，便不断地给自己设置诸多想象出来的阻碍，使得计划表上的进度永远停滞在起点。张广源的干洗店，恐怕永远也开不起来，因为他习惯于为了假设问题而烦恼，还没行动就开始退缩了。其实，大可不必如此，未来是不可预测的，但我们可以通过行动使之清晰起来，只要我们脚踏实地地做好每一件事，就很有希望得到心中想要的结果。

现在若能朝前迈一步，日后就能跨越一大步

胆识，即胆量和见识，这是成功的重要影响因素。当一个人面对困境时，胆识是突破障碍的力量，是创造机遇反败为胜的基础。有胆识的人，任何情况下都不会轻易将失败说出口，当机遇降临时亦能果断抉择。

"胆"和"识"在一个人身上需要相辅相成，高度统一，才能作为

篇四 告别过去那个不争气的自己，你的未来不是梦

成功的优秀素质。如果没有见识只是一往无前，那是鲁莽行事，而有了见识却不能果断抉择，那显然是优柔寡断。两者皆不能引导人走向成功，反而会成为前进的障碍。

当我们将"胆"和"识"结合来，它才会帮助我们克服那些莫名使我们感到害怕的东西，比如：害怕失败、害怕竞争、害怕与人接触、害怕被人嘲笑，或是其他什么使我们内心想要退缩的事情。譬如，遇到一个以前认识的人，胆小害羞的人常常因为不好意思而故意装作没看见，结果可能会让人误解为目中无人，从而影响人际关系，这个时候我们需要胆识；当一项新任务摆在面前时，胆小退缩的人总是认为自己无法胜任，于是能躲就躲，因而错过了很多发展机遇，这个时候我们更需要胆识；当一个新鲜事物出现时，胆小犹豫的人总是畏首畏尾，不敢率先尝试，非要等到别人确认没有危险以后，才亦步亦趋，结果只能捡别人吃剩的骨头，一辈子成不了大事、发不了大财……总而言之，胆小退缩的人总是缺乏主动性、勇气和信心，所以可能一再错过原本属于自己的成功和幸福。

乔治和约翰是从小一起长大的朋友，他们的家在约克小镇。约翰胆大心细，敢作敢为；而乔治不爱表现，办事有点缩手缩脚。两个人都顺利地进入了伦敦的大学，而且是同一所大学的同一个专业。

这天，乔治感到身体有些不舒服，约翰就陪他去医院。在前往医院的路上，乔治突然发现一个非常熟悉的面孔，他连忙拉住约翰，低声说："约翰，你快看，那是总理。"

此时，二人与总理之间的距离大概50米左右，总理正和几位官员

及记者一边走路一边探讨着什么。片刻之后，总理一行人走到了他们身边，乔治和约翰有点不知所措，乔治更是有些害怕地低下了头。总理来到乔治面前，看了看乔治，然后目光落在乔治胸前的校徽上，说："这是一所不错的学校！"这时的乔治，不知是激动还是害羞，竟然傻乎乎地看着总理，一句话也说不出来。约翰却上前一步，注视着总理，说道："总理先生，您好。"总理亲切地将手放在约翰的肩上，鼓励道："年轻人，要善于学习，敢于突破，国家的未来是你们的！"

第二天，多家媒体的头条刊登的都是总理与约翰在一起的照片，许多传媒对约翰进行了专题采访。一夜之间，约翰火了起来，成了名人，学校也把总理与约翰的照片作为一种荣誉收藏到了档案馆里。这时，很多同学惋惜地对乔治说："乔治，你错过了一个非常好的成名机会，太遗憾了，但你可以补救的。你应该立刻拿起笔，将你见到总理的情形写出来，送到报社去发表，这样也可以提高你的知名度。"乔治觉得校友的话很有道理，可拿起笔又不知道该写什么，因为自己从始至终没有和总理说过一句话，这件事慢慢就被搁置了下来。

因为已经有了名气，约翰大学毕业以后非常顺利地找到了一份不错的工作，而且他有胆有识又愿意努力，没过几年就进入了公司的决策层，生活过得非常惬意。乔治毕业以后回到了小镇，做了一名邮递员，艰苦的工作之余，乔治常常会想，如果自己当年向前跨出那一小步，如今的生活是不是会向前跨越一大步呢？或许，自己真的错过了人生最好的一步。

有时候，我们会为一个人或者一件事情而遗憾终身；有时候我们

篇四 告别过去那个不争气的自己，你的未来不是梦

会为了某个目标而等待一生。其实，你当初完全可以使事情朝着另外一个方向发展，只要勇敢地想问题、勇敢地迎上去、勇敢地做事情、关键是勇敢地做自己，这样就能做到人生无怨无悔。

无论做什么事，先要为自己争来机会。机会在手，成功就可能有了一半。有了这种敢于行动的心态，才会使我们成为一个挑战者，愿意尝试新行为，愿意接触陌生人，愿意做陌生的事，愿意探索未知的领域。这样，我们就不会太安于现状，也不会留恋过去，不会让知足与惰性主导我们的行为。

当我们进入未知领域时，头顶或是更蓝的天空

面对机遇与风险的抉择，聪明人从来不会放弃搏击的机会，在"无利不求险，险中必有利"的商战中更是如此。洛克菲勒当然更是深谙此中之道，他曾说："我厌恶那些把商场视为赌场的人，但我不拒绝冒险精神，因为我懂得一个法则：风险越大，收益越高。"是的，"富贵险中求"，谁也避免不了。风险和回报是成正比的，要想成为一个成功的人，没有一点冒险精神是不行的。

在投资石油工业前，洛克菲勒的本行——农产品代销正做得有声有色，继续经营下去完全有望成为大中间商。但这一切都被他的合伙

人安德鲁斯改变了。安德鲁斯是照明方面的专家，他对洛克菲勒说："嘿，伙计，煤油燃烧时发出的光亮比任何照明油都亮，它必将取代其他的照明油。想想吧，那将是多么大的市场，如果我们的双脚能踏上去，那将是怎样一个情景啊！"

洛克菲勒明白，机会来了，放走它就会削弱自己在致富竞技场上的力量，留下遗憾。于是坚定地告诉安德鲁斯："我干！"于是他们投资4000美元，做起了炼油生意。那个时候石油在造就许多百万富翁的同时，也在使更多的人沦为穷光蛋。

洛克菲勒从此一头扎进炼油业，苦心经营，不到一年的时间，炼油就为他们赢得了超过农产品代销的利润，成为公司主营业务。那一刻他意识到，是胆量，是冒险精神，为他开通了一条新的生财之道。

当时没有哪一个行业能像石油业那样能让人一夜暴富，这样的前景大大刺激了洛克菲勒赚大钱的欲望，更让他看到了盼望已久的大展宏图的机会。

随后，洛克菲勒便大举扩张石油业的经营战略，这令他的合伙人克拉克大为恼怒。在洛克菲勒眼里，克拉克是一个无知、自负、软弱、缺乏胆略的人，他害怕失败，主张采取审慎的经营策略。但这与洛克菲勒的经营观念相去甚远。"在我眼里，金钱像粪便一样，如果你把它散出去，就可以做很多的事，但如果你要把它藏起来，它就会臭不可闻。"洛克菲勒是这样想的。

克拉克不是一个好的商人，他不懂得金钱的真正价值，已经成为洛克菲勒成功之路上的"绊脚石"，必须踢开他，才能实现理想。但

篇四　告别过去那个不争气的自己，你的未来不是梦

是，对洛克菲勒来说，与克拉克先生分手无疑是一场冒险。因为在那个时候，很多人都认为石油是一朵盛开的昙花，难以持久。一旦没有了油源，洛克菲勒的那些投资将一文不值，但洛克菲勒最终还是决定冒险——进军石油业。

后来，洛克菲勒回忆说："我的人生轨迹就是一次次丰富的冒险旅程，如果让我找出哪一次冒险对我最具影响，那莫过于打入石油工业了。"事实证明，洛克菲勒凭着过人的胆识，抱着乐观从容的风险意识，知难而进，逆流而上，赢得了出人意料的成功——他21岁时，就拥有了科利佛兰最大的炼油厂，已经跻身于世界最大炼油商之列。

这种敢于冒险的进取精神是洛克菲勒成功的又一重要因素，他曾告诫自己的儿子说："几乎可以确定，安全第一不能让我们致富，要想获得报酬，总是要接受随之而来的必要的风险。人生又何尝不是这样呢？没有维持现状这回事，不进则退，事情就是这么简单。我相信，谨慎并非完美的成功之道。不管我们做什么，乃至我们的人生，我们都必须在冒险与谨慎之间做出选择。有些时候，靠冒险获胜的机会要比谨慎大得多。"

今天，我们无所突破，也许不是缺乏克服困难的能力，而是缺乏克服困难的勇气。可能我们今天已经变得木讷而保守，如果是这样，就要重新拾回往日的激情与勇气，激发冒险的本能。

第三章 把责任扛在肩上，逃避只会给人生留下败笔

每个人都被生命询问，而他只有用自己的生命才能回答此问题——只有以"负责"来答复生命。因此，"能够负责"是人类存在最重要的本质。

永远不要逃避，你的每一步都关系到最后的结局

习惯逃避现实的人，永远也无法获得成功。生命中总有这样或那样的挫折，只有勇敢面对，才能真正地享受生活。不管结局怎样，都不要做一个逃避的人。

他相貌平平，毕业于一所毫无名气的专科院校，在来自各个名牌大学、头上顶着硕士、博士光环的应聘者中，他的表现却像是一个麻省理工大学留学生。

篇四　告别过去那个不争气的自己，你的未来不是梦

尽管他表现得很自信，但面试官还是给了他一个无情的答复：他的专业能力并不足以胜任这个职位。这是事实。

他在得知自己被淘汰出局以后，显得有点失望、尴尬，但这个表情转瞬即逝，他并没有马上离开，而是笑了笑对面试官说："请问，您是否可以给我一张名片？"

面试官微微愣了一下，表情冷冷的，他从内心里对那些应聘失败后死缠烂打的求职者没有好感。

"虽然我不能幸运地和您在同一家公司工作，但或许我们可以成为朋友。"他解释说。

"你这样认为？"面试官的口气中带了一点轻视。

"任何朋友都是从陌生开始的。如果有一天你找不到人打乒乓球，可以找我。"

面试官看了他一会儿，掏出了名片。

那个面试官确实很喜欢打乒乓球，不过朋友们都很忙，他经常为找不到伴打球而烦恼。后来，面试官和那个面试者成了朋友。

熟悉了以后，面试官问面试者："你不觉得自己当时提的要求有点过分吗？你当时只是一个来找工作的人，你不觉得你自我感觉太好了点吗？"

他说："我不觉得，在我看来，人与人之间是平等的。什么地位、财富、学历、家世，于我而言都没有意义。"

面试官笑了，他甚至觉得这个朋友有点特别，他笑着问："要是当初我不理你，你怎么下台？"

"我可能没法下台，但我不允许自己不去尝试。其实很多人不敢去做一些事情，并不是害怕失败本身，而是失败以后的尴尬，人们觉得这很丢脸。可是，真正丢脸的并不是失败，而是不敢去开始。"

接着他说："大学的时候，我曾经非常喜欢一个女孩，可是我一直害怕被她拒绝，怕她说'你是一个好人……'，如果这样我会无地自容。所以大学那四年，我只敢远远地看着她，后来我偶然得知，她以前一直对我有好感，只是此时她已经找到了真正的归宿，我错过了本该属于我的幸福！

"这是我迄今为止最大的遗憾，它是那样的令我懊悔、心痛。自此以后，每每怯懦、退缩的念头冒出来时，我就会以此来告诫自己，不要怕可能出现的失败，否则，还是会一次次地错过。现在，我已经可以敢于迎向一切了，不管前面是一个吸引我的女孩儿，还是万人大会的讲台，我都会毫不迟疑地迎上去，虽然我知道这可能会失败，虽然我知道自己也许还不够资格。"

永远不要认为可以逃避，你所走的每一步都决定着最后的结局。面对，是人生的一种精神状态。想要成为一个什么样的人物，获得什么样的成就，首先就要敢于迎上去，只有面对了才可能拥有。即使最后没能如愿以偿，至少也不会那么遗憾。我们做事，结果固然重要，但过程也同样美丽。

篇四　告别过去那个不争气的自己，你的未来不是梦

如果你推卸责任，谁还会把重任交托给你

人即使再聪明也总有考虑不周的时候，有时再加上情绪及生理状况的影响，就会不可避免地犯错——估计错误、判断错误、决策错误。

人犯了错，一般有两种反应，一种是死不认错，而且还极力辩解，另一种反应是坦白认错。

第一种做法的好处是不用承担错误的后果，就算要承担，也因为把其他的人也拖下水而分散了责任。此外，如果躲得过，也可避免别人对你的形象及能力的怀疑，但是，死不认错并不是上策，因为死不认错的坏处比好处多得多。

遗憾的是，偏偏有一些人，从不知道自己有什么过错，甚至把错的也看成是对的，这是不能见其过的人；有一种人，明知自己错了，却甘于自弃，或只在口头上说错了，这是不能内省的人；有一种人，有错误也能责备自己，却下不了决心改正，这是不能改过的人。

在一次企业季度绩效考核会议上

营销部门经理 A 说：最近的销售做得不太好，我们有一定的责任，但是主要的责任不在我们，竞争对手纷纷推出新产品，比我们的产品

好，所以我们也很不好做，研发部门要认真总结。

研发部门经理 B 说：我们最近推出的新产品是少，但是我们也有困难呀。我们的预算太少了，就是少得可怜的预算，也被财务部门削减了，没钱怎么开发新产品呢？

财务部门经理 C 说：我是削减了你们的预算，但是你要知道，公司的成本一直在上升，我们当然没有多少钱投在研发部了。

采购部门经理 D 说：我们的采购成本是上升了 10%，为什么你们知道吗？俄罗斯的一个生产铬的矿山爆炸了，导致不锈钢的价格上升。

这时，ABC 三位经理一起说：哦，原来如此，这样说来，我们大家都没有多少责任了，哈哈哈哈。

人力资源经理 F 说：这样说来，我只能去考核俄罗斯的矿山了。

类似的情况在我们的生活中时有发生，有些人习惯将责任推给主客观原因，总归一句话可以点透，即"成功者找方法，失败者找理由"，其实与其推卸责任，不如去思考如何解决问题。

诚然，无论做什么事，我们都希望自己是对的。当我们得出正确的结论时，我们会感到特别高兴。但我们应该知道，在人们所做的事情中，很少有人能说哪些事情是百分之百正确或百分之百错误的，然而，不管是在学校也好，公司也好，还是从事政治活动或是在运动场上，我们所有的社会系统都只能容忍我们做出正确的事情。结果很多人都在充满防御的心理下长大，而且学会掩饰自己的错误。

其实，诚实认错，坏事可以变成好事。姑且不论犯错所需承担的责任，不认错和狡辩对自己的形象有强大的破坏性，因为不管你口才

篇四　告别过去那个不争气的自己，你的未来不是梦

如何好，有多么狡猾，你的逃避错误换来得的必是"敢做不敢当"之类的评语。最重要的是，不敢承担会成为一种习惯，也使自己丧失面对错误、解决问题和培养解决问题能力的机会，所以，不认错的弊大于利。

其实，与其矢口否认，不如勇敢承担。若是大错，遮掩不住，狡辩无非是"此地无银三百两"，令人对你心生厌恶；若是小错，用狡辩去换取别人对你的厌恶，更划不来。

抛开借口，你就该为自己所做的事情负责

美国西点军校建校以来奉行的最重要的行为准则就是"没有任何借口"。它要求每一位学员必须尽全力去完成任何一项任务，而不是因为没有完成任务而去寻找任何借口，哪怕是看似合理的借口。

人生在世，孰能无过。从你出生时起，你就在与周围的世界产生积极的互动。环境对你产生影响，但同时你也对周围的事物产生影响，所以，你就应该为自己的行为负责。你做出了决定，就理应承受相应的责备与赞扬。在做错事时，如果你真的有责任，就应该接受别人的责备。如果你辜负了同事的信任，继而若无其事地对他们撒谎，你们之间的关系就会遭到毁灭性的破坏。为了免受应得的责备，有些人会

掩盖真相、敷衍塞责、编造借口、无中生有、言不对题或者真真假假、闪烁其词，这些欺骗伎俩并非总能奏效，但是其目的却已昭然若揭：不过是想方设法逃避谴责与惩罚罢了。

有一个故事，讲述了一个年仅11岁的少年，把足球踢到一家商店的橱窗上，砸碎了玻璃。商店老板找到少年的父亲，要求赔偿损失。父亲赔了钱之后，却把账记到了儿子的头上。他认真地对儿子说："玻璃窗是你弄破的，你应该负起赔偿的责任。我现在先帮你垫上，你要利用假期的时间打工，把这笔钱还给我。"结果，少年干了整整一个暑期的活儿，才还清了这笔钱，共计15美元。这个少年就是后来的美国总统里根。当了总统以后，里根还常常提起少年时的这件小事，觉得是父亲教他学会做个负责任的人，这使他一生受益无穷。没有父亲的教诲，他可能会是另一个样子。

美国成功学家格兰特纳说过这样一段话：如果你有自己系鞋带的能力，你就有上天摘星星的机会！一个人对待生活、工作的态度是决定他能否做好事情的关键。很多人在生活中寻找各种各样的借口来为自己的错误开脱，并养成了坏习惯，这是很危险的。

愿意对自己的人生负责，不仅是一种美德，还是每个人都必备的基本品质，更是一个人成熟起来的标志，是任何人从平凡走向优秀的第一步。人总是会慢慢长大，身边的亲人、朋友、老师会告诉我们怎样生活、怎样做人，但任何行动的落实者都只能是我们自己。

无论什么工作，都需要这种不找任何借口去执行的人；无论做什么事情，都要记住自己的责任；无论在什么样的工作岗位上，都要对

篇四　告别过去那个不争气的自己，你的未来不是梦

自己的工作负责，不要用任何借口来为自己开脱或搪塞，完美的执行是不需要任何借口的。只要我们能够养成拒绝借口、敢于决定的习惯，就一定能运用最聪明的判断力，而我们的工作也会越来越出色！

不寻找借口，就是敢于承担责任；不寻找借口，就是永不放弃；不寻找借口，就是锐意进取。让我们永远记住：无论什么时候，都不要找任何借口！

勇于担当大任，脚下的路会越走越宽

有两种人绝对不会成功：一种是除非别人要他做，否则绝不会主动负责的人；另一种则是别人即使让他做，他也做不好的人。而那些不需要别人吩咐就能主动做事且韧性十足的人，他们一定会比绝大多数人更卓越。

主动、负责是一种非常强大的力量：它可以使人赢得尊重和信任，从而强化人际关系；它可以使人赢得机会的青睐，从而走向成功的人生轨迹；更重要的是，它可以改变平庸的生活状态，使一个人变得杰出优秀。

有一位成绩出色的研究生，刚刚毕业就被分配到了一个火箭研究机构工作。当时，研究所正好接了一个新科研项目——让卫星起旋后

再脱离火箭。这个项目非常有难度，此前，国内从未尝试过这种方式，国外虽有所尝试，但大多以失败收场。

在一次论证会上，有位权威专家提出了一个可行性方案，不过，在"满足入轨精度"的问题上，还需要做进一步论证。整个会场陷入了一片沉默之中，这时坐在后排旁听的他突然说道："可以用计算机计算一下！"一霎时，所有人的目光全部聚集到了他的身上，主持会议的领导当场问他："你来干行不行？"

就这样，原本只是在地面负责"拧螺丝钉"的菜鸟一下子成了项目的挑大梁者。过了一年多的时间，卫星按照他编订的方案发射成功。他就是中国航天科技集团原总经理张庆伟。

后来有人问他："如果当初没有主动揽下不属于分内的工作，你现在会怎样？"

他笑了笑回答："肯定不会是现在这个样子，说不好开会时还在后排旁听呢！"

有的人没有得到提拔，并不是因为没有本领或者得不到机会的眷恋，而是因为在关键时刻不敢去露一手。他们没有胆量，自信心不足，或者认为是分外之事而不去插手，结果是坐失良机，白白浪费了自己的才华，失去了表现自己的机会。人生，只有磨砺过才有光泽，只有承担过才显厚重。正是有了担当，人生的意义才更显非凡。敢担当、会担当的人，会把分内事做到使人满意，把分外事做到让人惊喜，他们因而会被赋予更多的使命，也才有资格获得更大的荣誉。而一个缺乏主动性、没有责任感的人，首先失去的是社会对自己的基本认可，

篇四　告别过去那个不争气的自己，你的未来不是梦

其次失去了别人对自己的信任与尊重，甚至也失去了自身的立命之本——信誉和尊严，这样的人，能力再强也无用武之地。

高速发展的社会对我们提出了更高要求，它要求每一个想要有所进步的人，必须具备良好的道德、忠诚度、专业技能……即，必须在综合素质方面表现突出。倘若你无法做到，很遗憾，你的职业发展必然会遭遇瓶颈，你永远也不会成功；反之，如果你能够承担起自己的职责，在工作中积极进取，恪守职业道德，你就会成为一名不可替代的人才，你的价值、薪金、职位、团队影响力等等，都会随之得到大幅提升，如此一来，你必然能够更快捷地实现自己的人生目标。

活成一棵树，因为你还是别人的依靠

有个人一生碌碌无为，穷困潦倒。这天夜里，他实在没有活下去的勇气了，就来到一处悬崖边，准备跳崖自尽。

自尽前，他号啕大哭，细数自己遭遇的种种失败挫折。崖边岩石缝里长着一株低矮的树，听到他的经历后，也忍不住流下了泪水，跟着"呜呜"地哭了起来。这个人见树流泪，就问："难道你也有不幸？"

小树说："我是这个世界上最苦命的树，生在岩石的缝隙间，食无土壤，渴无水源，终年营养不足；环境恶劣，让我枝干不得伸展，形

貌生得丑陋；根基浅薄，又使我风来欲坠，寒来欲僵。看我似坚强无比，其实我是生不如死呀。"

人不禁与树同病相怜，就对树说："既然如此，为何还要苟活于世，不如随我一同赴死吧！"

树说："我死倒是极其容易，但这崖边便再无其他的树了，所以不能死呀。"人不解。树接着说："你看到我头上这个鸟巢没有？此巢为两只喜鹊所筑，一直以来，它们在这巢里栖息生活，繁衍后代。我要是不在了，那两只喜鹊可咋办呢？"

人听罢，忽有所悟，从悬崖边退了回去。

诚然，人应该为自己而活，但又不仅仅是为自己而活。再渺小、再低微的人，对于有的人来说也是一棵伟岸的树。

在生命的长河里，我们总会遇到来自自然的、人为的种种灾难，让我们承受了种种难以言表的痛苦，我们纵有千般不愿，但这就是现实。面对生命中残酷的现实，我们首先应该想到的是如何更好地活下去，如何让自己有限的生命呈现最大的价值。绝不能产生"死后一身轻，一了百了"的念头，因为，你活得再不好，对于你的父母、你的家人来说，也是一棵值得依靠的树。

所以，我们必须把自己活成一棵树，因为你同时也是被人依靠的一棵树。

人活着，可以有两种活法：一种像草，尽管活着，尽管每年还在成长，但毕竟就是棵草，吸收了阳光雨露，却一直长不大，谁都可以踩你，但他们不会因为你的痛苦而产生痛苦，他们不会因为你被踩了，

篇四　告别过去那个不争气的自己，你的未来不是梦

而怜悯你，因为人们本身就没有看到你；另一种像树，即便我们现在什么都不是，但只要你有树的种子，即使你被踩到泥土中，你依然能够吸收泥土的养分，自己成长起来，当你长成参天大树以后，遥远的地方，人们就能看到你；走近你，你能给人一片绿色。活着是美丽的风景，死了依然是栋梁之材，活着死了都有用。这才是我们做人和成长的标准。

第四章　活着就要学习，学习是为了更好地活着

> 刀要磨才锋利，人要学才聪明。天分高的人如果懒惰成性，不努力发展他的才能，其成就也不会很大，有时反会不如那天分比他低的人。

现代竞争的激烈，要求你必须不断学习

20世纪七八十年代靠"胆子"，八九十年代靠"点子"，现如今则必须靠"脑子"。伟大的苏格拉底有句话非常正确："世界上只有一样东西是珍宝，那就是知识；世界上只有一样东西是罪恶，那就是无知。"

对于已经跨入21世纪的我们而言，竞争意味着什么，相信没有一个人会糊涂到找不出答案。但在竞争中靠什么取胜，有的人的观念可能仍然会滞留在20世纪，这种观念的落后直接导致的就是人生的落后。正如苏格拉底所说的，知识就是珍宝。21世纪光凭"胆子"和

篇四　告别过去那个不争气的自己，你的未来不是梦

"点子"是无法走通竞争之路的，知识才是制胜的法宝。

随着社会不断进步，人的平均寿命也随之延长，但知识的寿命却在日渐缩短。知识正在以前所未有的速度更新，让我们在体验着科技快感的同时，也不得不去正视这种速度所带来的压力。如果我们不重视学习，我们就无法取得生活和工作需要的知识，无法使自己适应这个急速变化的时代，就极易在竞争中落败。

何颜是一个只有高中文化水平的女孩子，但在一次面试中被一家外企录用。好朋友劝她，在外企就职，对于她这样一个只有高中文化水平的女孩子，本来就很艰难了，又要面对两个不同国籍、有着不同文化背景的外国老总，工作难度简直不敢想象。但外柔内刚的何颜没有惧怕困难，越是困难的事，她越是觉得富有挑战性，越是有兴趣。

刚进公司那段日子是最难熬的。总经理们只把她当成一个只能干杂事的小职员，不停地派些零七八碎的事情让她做，同事们也当她是个毛孩子，何颜委屈得不知流了多少泪水，但她忍耐着，抓紧一切机会去学习，学外语、学业务知识，寻找着让别人认识自己的机会。

除了把工作做得周到细致外，她还把自己所能见到的各种文件，全部都搬到自己的工作台上，只要有空就去认真翻阅琢磨，了解研究公司的业务。对于外文文件的文字障碍，就不厌其烦地去翻看她的那两本无声先生——英文字典、法文字典。一年多以后，她对公司的业务可以说了如指掌，为自己进入通畅的工作状况打下了坚实的基础。

外文水平在不断提高，这种速度令她自己都吃惊不小——业务方面的外文文件看起来顺畅多了。

作为一个大公司的职员，没有足够的现代知识武装头脑，失去生存机遇的可能性就是百分之百，所以，她给自己制定了严格的学习计划——学习外语，学习计算机。在她的时间表里，休息日的概念早已模糊，在正常的五天工作日，她必须像其他的职员一样坚守工作岗位，又需要为总经理们的活动做好一切安排。为此，她常常加班，时间在她那儿已被挤压得没有什么空隙，经常是别人都快下课了，她才急匆匆地赶到，抱歉地向老师打个招呼，就全神贯注地进入了学习状态。就是这样，她还顽强地坚持着。她常说，等我有了钱，我会给自己选择一个安稳的、理想的学习环境。

社会的竞争对于每个人而言都是残酷的，对于一个只有高中学历的柔弱女孩子，你可以想象她所遇到的种种挫折并非我们用文字就可以尽诉的，但是她成功地站稳了脚跟，就是因为她很清楚知识对于她的作用，并努力地吸取知识来充实自己。当你看到她成功的时候，你是否也看到了她超前的观念？

树立"终身学习"的观念，已经是时代的呼唤

有的人认为，学习只是某一阶段的事情，或者学校才是学习的场所，离开了学校就再没有必要进行学习，除非为了取得文凭。

篇四　告别过去那个不争气的自己，你的未来不是梦

这种观念乍一看似乎很有道理，其实是不对的。在学校里自然要学习，难道走出校门就不必再学了吗？学校里学的那些东西，远远不足以支撑你的人生步履。

学校里学的东西是十分有限的。工作中、生活中需要的许多知识和技能，课本上是没有的，老师也没有教给我们，这些东西完全要靠自己在实践中边学边摸索。

我们更应该把自己的精力与心思放在收集、学习和研究那些以后的人生旅程上所需要的知识、学问与技能上，这就是要进行"再教育"。

因为，据美国相关研究机构调查，半数的劳工技能在 1—5 年内就会变得一无所用，而以前这段技能的淘汰期是 7—14 年。特别是在工程界，毕业 10 年后所学还能派上用场的不足 1／4。

因此，学习已变成随时随地的必要选择。

瓦尔特·司各脱爵士曾说："每个人所受教育的精华部分，就是他自己教给自己的东西。"

已故的爵士本杰明·布隆迪先生曾愉快地回忆起这句名言，他过去常常庆幸自己曾经进行过系统的自学，这一名言其实适用于每一个在文、理科或艺术领域内的成就卓著者。学校里获取的教育仅仅是一个开端，其价值主要在于训练思维并使其适应以后的学习和应用。一般说来，别人传授给我们的知识远不如通过自己的勤奋和坚韧所得的知识深刻久远。靠劳动得来的知识将成为一笔完全属于自己的财富，它更为活泼生动，持久不衰，永驻心田，这恰恰是仅靠被动地接受别

人的教诲所无法企及的。这种自学方式不仅需要才能，更能培养才能。一个问题的有效解决有助于探求其他问题的答案，只有这样，知识才能转化成为能力。无须设备，无须书本，无须老师，也无须按部就班地学习，自己积极的努力就是唯一的关键所在。

近年来，新技术、新产品和新服务项目层出不穷，就业能力的要求随着技术进步的加速也在不断变化着，标准的提高，使得技术发展的要求与人们实际工作能力之间出现了差距。由此产生了一种相当普遍的社会现象：一方面失业在增加，另一方面又有许多工作岗位找不到合适的就业者；一方面争抢人才的大战异常激烈，另一方面又有大批在岗者被迫离开岗位。伴随着知识经济的来临，企业对劳动力不再只是数量需求，更重要的是对其质量有了新的标准和需求。强化知识更新、树立"终身受教育"的观念已成为时代的呼唤。

所以，无论从事哪一种事业，我们都需要不断地学习。只有学习才能扩大视野，获取知识，得到智慧，才能把工作做得更好。

大凡杰出的人，都是终身孜孜不倦追求知识的人。在漫长的人生经历中，即使再忙再累再苦，他们也不放弃对知识的追求，学习既是他们获取知识的途径，又是他们在逆境中的精神支柱。在他们看来，知识是没有止境的，学习也应该是没有止境的，学习使他们的思想、心理和精神永远年轻，也使他们的事业日新月异。

在人生的这场旅程中，你应当保持生活的热情和学习的热情，不断地汲取能够使自己继续成长的知识来充实自己的头脑。

篇四 告别过去那个不争气的自己，你的未来不是梦

积累知识，就是在积累成功的资本

无知致平庸。积累知识就是一个积累成功的过程。禀赋极高的人并不一定是成功者，而成功者却一定是一个注重知识积累、不断丰富自己的人。有些人总是害怕自己的金钱少于他人，却已经忘了知识早已少于他人，当别人起跳高升时，他却连攀升的梯子都找不到。这是人生的一种悲哀。

做一个祝福他人高升的人固然很好，但做一个被祝福的人难道不是更好吗？

但需要记住的是，没有足够的知识储备，一个人就难以在工作和事业中取得突破性进展，难以向更高地位发展。

在成功之前，一个人要积蓄足够的力量。在这方面，托马斯·金曾受到加利福尼亚的一棵参天大树的启发："在它的身体里蕴藏着积蓄力量的精神，这使我久久不能平静。崇山峻岭赐予它丰富的养料，山丘为它提供了肥沃的土壤，云朵给它带来充足的雨水，而无数次的四季轮回在它巨大的根系周围积累了丰富的养分，所有这些都为它的成长提供了能量。"

即使在商业领域也是如此，那些学识渊博、经验丰富的人，比那

些庸庸碌碌、不学无术的人，成功的机会更大。

有位商界的杰出人物这样说："我的所有职员都从最基层做起。俗话说：'对工作有利的，就是对自己有利的。'任何人在开始工作时如果能记住这句话，前途一定不可限量。"

无论目前职位多么低微，汲取新的、有价值的知识，将对你的事业大有裨益。一些公司的小职员，尽管薪水微薄，却愿意利用晚上和周末的时间到补习学校去听课，或者买书自学。他们明白知识储备越多，发展潜力就越大。

从一个年轻人怎样利用零碎时间就可以预见他的前途。自强不息、随时求进步的精神，是一个人卓越超群的标志，更是一个人成功的征兆。

有一句格言说："只因准备不足，导致失败。"这句话可以写在无数可怜失败者的墓志铭上。有些人虽然肯努力、肯牺牲，但由于在知识和经验上准备不足，做事大费周折，始终达不到目的，实现不了成功的梦想。

看看职业中介机构的待业者名录吧，多少身强力壮、受过高等教育的人在这里登记，其中大部分人，因缺乏进一步发展的能力而驻足不前、被人超越、丢了饭碗。这些人本来就没有深厚的根基，工作期间又不注意积累经验、增加才能，最终当然会被淘汰。

小王在一个律师事务所任职三年，尽管没有获得晋升，但他在这三年中，把律师事务所的门道都摸清了，还拿到了一个业余法律进修学院的毕业证书。这一切都是为了开办他自己的律师事务所所做的积累，结果他成功了。

篇四　告别过去那个不争气的自己，你的未来不是梦

另一些在律师事务所工作的朋友，按从业时间来说，他们的资格够老的了，但他们仍然担任着平庸的职务，赚着低微的薪金。

经过比较，前者立志坚定、注意观察、勤于思考、善于学习，并能利用业余时间深造，最后获得成功；后者恰恰相反，不管他们是否满足于现状，他们这样庸庸碌碌地混日子，注定会永无出头之日。

一个前途光明的年轻人随时随地都注意磨炼自己的工作能力，任何事情都想比别人做得更好。对于一切接触到的事物，他都能细心地观察、研究，对重要的东西务必弄得一清二楚，他也能随时随地把握机会来学习，珍惜与自己前途有关的一切学习机会，对他来说，积累知识比积累金钱更要紧。他随时随地注意学习做事的方法和为人处世的技巧，有些极小的事情，也认为有学好的必要，对于任何做事的方法都仔细揣摩、探求其中的诀窍。如果他把所有的事情都学会了，他所获得的内在财富要比有限的薪水高出无数倍。

在工作中积累的学识是一个人将来成功的基础，是他一生中最有价值的财富。

如果你真有上进的志向、真的渴望造就自己、决心充实自己，就必须认识到，无论什么事、无论什么人都可能增加你的知识和经验。

能通过各种途径汲取知识的人，才能使自己的学识更加广博、深刻，使自己的胸襟更加开阔，也更能应付各种各样的问题。

我们常听到一些人抱怨薪水太低、运气不好、怀才不遇，却不知道其实正处身于一所可以求得知识、积累经验的大校园里。今后一切可能的成功，都要看他们今日学习的态度和效率。

你之前所失去的学习机会，现在一定要找回来

如果你在早年因为种种原因而失去了学习的机会，你就会永远落伍了吗？不会的，只要你想重塑自己，只要你有上进的决心，只要你想弥补因以前失学而造成的知识断层，那么你就自学好了。

许多人都有过度重视大学教育的心理，那些不曾受过大学教育的人，时常会感觉到一种自卑感，他们往往认为这是一种无可挽回的损失，是一生都没有办法补救的缺陷。他们甚至这样以为：不管以后怎样去自学都于事无补，根本达不到与大学教育同等程度的知识水平，自修得来的学识总是有限的。然而，一个不争的事实是：世界上许多极负盛名的学者一开始就没有读过什么大学，有的人甚至连中学的大门都没有跨进过。有一句话说得好："第一个大学生没有导师。"这句话的现实意义乃至哲学意义，都会给人以深刻的启迪。

爱迪生只上了3个月的小学，但他是世界闻名的发明大王；高尔基只上到了小学五年级，但他是世界级的大文豪；华罗庚只是个中学生，但他是驰名寰宇的数学家。这些名人，这些成就，这些耀眼的光环，都是他们勤于自学、博览群书的结果。

篇四　告别过去那个不争气的自己，你的未来不是梦

不仅历史上自学成材的典故很多，就是在当代，这样的例子也比比皆是。

刘明1960年出生，1岁时患小儿麻痹症，9次手术也没有改变他重度残疾的命运。刘明哭过、绝望过，然而，意志坚强的他没有被命运吓倒，没有放弃对美好生活的向往和对理想的追求。他想：自己还有健全的双手和灵活的大脑，有手有脑就有一切。他坚信一点：自己只要努力，许多事就都能做到。

双腿的残疾没有挡住刘明上学的路，那是一条漫漫的自学之路。在十多年的时间里，他学完了小学、中学、大学的全部课程，而且文理双修。在英语学习方面，刘明更可谓不遗余力。他是通过广播电视自学的英语。为此他长期订阅《中国电视报》、《中国广播报》，以及相关的地方报纸，目的是可以及时听到他所能收听的所有的英语节目。同时，为了减少学习的盲目性，增加系统性，他认真参照英语教学大纲进行自学，这极大地提高了学习效率。

但是自学英语的问题是，不可能做到你想学什么就可以学什么。比如，刘明特别喜欢英语新闻，经常收看电视英语新闻，因为在他看来，收看英语新闻不但可以了解天下大事，活跃思维，而且有助于训练听力，学习口语。但是电视节目转瞬即逝，而且没有书面材料，让人很难准确掌握新闻语言的特点。怎么办？聪明的刘明买来了《英语新闻听力模拟训练》和录音带等有关材料，开始进行听力训练，同时又到"英语角"练习会话。在英语角里，刘明是唯一的一位残疾人，他刻苦求学的精神让英语角的所有人感动，他的英语水平更让那里的

人惊叹不已,甚至连外籍老师都不敢相信他是自学的。

经过十几年的刻苦努力,刘明先后取得了电视大学英语、高等数学两门课程的结业证书,以及高等教育自学考试英语专业英语精读合格证书。这期间,刘明还靠自己摸索着苦练,掌握了中英文打字技术,并达到了熟练"盲打"的程度。

1985年,学有所成的刘明决定用自己的知识和双手养活自己,便开了一家翻译兼打印店。从此,自学成才的刘明走上了自立的人生道路。

自学的途径很多,刘明就是通过勤奋自学而成才的。如果我们每个人都有刘明这种顽强的精神,都重视自学,相信也能获得很棒的成果,这必将有助于你事业上的成功。事实上,我们有很多机会学习,而且这些机会是随时随地的。只要你想努力进修并全神贯注,那么就完全可以弥补因失学造成的知识断层,甚至有可能成为某一个领域的专家或学者。

当你打定自学的主意时,请不要忘记,无论你遇到什么人,他们都会对你有所帮助,会使你增加一些知识与经验,从而使你的自学道路既通畅又走得很快。比如你遇见了一个瓦工,他会告诉你关于建筑方面的知识;比如你遇到了一个印刷工,他会告诉你很多关于印刷方面的技术;比如你遇见了一个农夫,他会教给你农业方面的很多知识……事实上,这是一种很有效的自学途径,说它有效,是因为它更直观,更便于接受。另外从技术上说,别人的言传身教,是一种在场景中的直观教学,放弃这样的学习机会,实在是不明智之举。可以说,不重视别人教授的知识就是对自学的轻视。因此,想要成就一番事业,你必须抓住每一次自学的机会。

篇五
只要你心存美好，这世间便会阳光普照

爱心是什么？一千个人有一千种答案。但，无论是谁，都无法对一个毫无感情的人说明白感动究竟是什么，因为感动不是用嘴说出来的，而是用心感受出来的。

第一章　别让自私冷漠，黯淡了你生命的颜色

人性渐渐冷漠，是人对这个世界的热情冷了，还是这个世界在发生变化？冷漠由心而生，亦可由心而灭，大千世界，你我都是朋友，那就请脱下冰冷的外壳，走进温暖的世界。

别让"小我"控制你，你的世界不应如此狭隘

陈静是个爱斤斤计较的人，容不得别人有丝毫的冒犯，即便是在市场买菜，她也会因为一角钱与小贩争执起来，互不相让。她与家庭成员、朋友关系都处得不好，整天缠绕在你吃亏、我占便宜这些毫无意义的琐事上，你争我吵没完没了，陈静似乎永远都在争长短，又永远都争不出长短。

钟立强天性敏感，时时沉溺在敏感的旋涡中，不能自拔。今天领导的一个神色不对，明天人家的一句调侃，都会使他不停地探究下去，纠缠在心灵之网中，仿佛受到了极大的伤害，总之，无论发生了何事，

都会在他心里无限扩大，从而引起心灵的强烈震动，并以各种发泄渠道表现出来。

这就是"小我"在作祟。小我是怎么回事呢？

打个比方说，有些人不愿意帮助他人，不愿与他人分享资讯，甚至去陷害别人，这就是受到了"小我"的控制。因为"小我"是不允许别人比"我"成功的。

对"小我"来说，"我"的利益应该是最大的，而分享是个陌生词，除非隐藏着其他动机，它对别人成功的反应，就好像是别人从"我"这里拿走了什么。

在"小我"看来，"我"永远是比别人好的。"小我"渴望的就是这种优越感，而经由它，"小我"强大了自己。打个比方来说，假如你正打算将某一重要消息告诉某人，"我有件大事要告诉你，很重要的，你还不知道吧？"这个时候在"小我"眼中，"我"已经和他人之间产生了施与受的不平衡：那短短的一瞬间，你知道的比别人多——那个满足感就来自于"小我"，即便对方各个方面都比你强，你在那一刻也有更多的优越感。生活中，很多人对小道消息特别上心，就是因为这个缘故。非但如此，他们通常还会在表达时加上恶意的批评和判断，这也是受到了"小我"的指挥，因为每当你对别人有负面评价的时候，优越感油然而生。

无论"小我"显现出来的行为是什么，背后潜藏的驱动力始终都是：渴望出类拔萃、显得与众不同、享有掌控、渴望权力、受人关注，从而索求更多。

我们每个人的内心深处都有一个紧缩着的"小我",无论有任何异动,"小我"都能首先做出反应,并以自我保护为出发点产生阻抗心理,心理反应严重的还会将其泛化,表现为性情孤僻、自我贬值,有的则喜怒无常,行为夸张。

贪婪、自私、剥削、残酷和暴力……"小我"的能量令人恐惧。

当然,"小我"也不能说是坏人,它的初衷就是为了完完全全地保护"我",它很希望事情如你所愿的发生,所以会希望你能听听它的建议,即便那是坏的、有害的,但"小我"意识不到这一点。

"小我"是一种客观的存在,人类根本不可能完全脱离它,但却可以控制它,让"小我"与"真我"达到和谐。事实上,很多人都可以不接受"小我"的控制,比如在某些领域有特殊成就的人,他们可能是教师、医生、艺术家、科学家、美容师、志愿者、社会工作者等等,他们在工作时,基本可以从"小我"中解脱出来,这个时候,他们所追寻的不是自我,而是顺应当时之所需,他们专注的是当下、是工作,是要服务的人,这些人对其他人的影响,远超过他们提供的功能所带来的影响。

这样看来,其实那个紧缩的"小我"不过是人们心灵深处的无常而短暂的感觉罢了,并不是一个真实的、坚固的实体,如果我们明白了"小我"竟然是这么的"空无",就会停止认同它、护卫它、担忧它,如此一来,我们就摆脱了长久以来的痛苦和不快乐。

我们爱自己,才能原谅和接受自己的不完美;爱他人才会从对方的角度考虑事情,多一分谅解和宽容;爱这个世界,才能在内心深处充满感恩和赞美,使生命走向完满。

与人为善，帮助他人，快乐自己

当下，我们的社会上一直在提倡营造"和谐"？可是，怎么和谐？和谐靠什么来营造？答案很简单，要靠"人和"。也就是说，在社会中生活的每一个人，都要与人为善，以善良的一面去对待别人，才能提升整体的社会氛围，从而达到"老吾老以及人之老，幼吾幼以及人之幼"社会境界。换言之，如果有人倒地而没有人去搀扶，那么这个社会不会真正和谐；如果公交车上为争一个座位而大打出手，那么这个社会远没有达到和谐；如果所有人的心里就只有自己，各人自扫门前雪，不管他人瓦上霜，那么人与人之间想"和谐"都难。

客观地说，就当前的人文关怀状态而言，我们去做好人、做善事，确实有些顾虑。毕竟，谁也不希望在救死扶伤之后，还要被当成肇事者，以致掏尽半生的积蓄；毕竟，谁也不希望在见义勇为以后，还要自己花钱给犯罪嫌疑人看病。这善事未免做得太窝囊，也太让人心寒。于是，出于自我保护的本能，我们变得漠然了，甚至是冷酷了，这不仅仅是我们，更是社会的一种悲哀。

这或许不是我们的错，但确实是我们让自己变得越发冷漠，我们让自己的人性中少了一些很重要的东西——关爱与信任。诚然，我们

即使不做善事，但只要不为恶，也没有人会拿我们怎样，也没有人会认为我们就是坏人。但是，我们会不会觉得，自己的心中有一丝难过？尤其是当我们看到病痛中的老人蜷伏在地、看到可怜的孩子疼痛哭泣时，我们是不是真的可以无动于衷？相信，多数人的心都会隐隐作痛，因为我们的本性就是善良的！只不过，有些时候，我们被某些人为及非人为的因素所限制，变得有些懦弱，而要改变这种状态，需要的是整个社会的努力。

是的，这需要我们每一个人都去改变，将懦弱改为侠肝义胆，将冷漠改为古道热肠，如果社会中的每一个人都能如此，我们在做善事时就不会再有所顾虑；反之，倘若就这样冷漠下去，那么人与人之间最珍贵的情义将不复存在，整个社会将会陷入沦落。毋庸置疑，我们都不想在这样的社会氛围中生活。

进一步说，推己及人，倘若我们希望别人对自己好一点，对我们的老人、孩子好一点，那么我们是不是应该率先做出个样子？事实上，我们一念之间种下一粒善因，便很有可能会收获意想不到的善果。做人，真的没有必要太过计较，与人为善，又何尝不是与己为善？当我们为人点亮一盏灯时，是不是同时也照亮了自己？当我们送人玫瑰之时，手上是不是还缠绕着那缕芬芳？

其实，我们怎样对待别人，别人就会怎样对待我们；我们怎样对待生活，生活也会以同样的态度来反馈我们。譬如说，当我们在为别人解答难题时，是不是也让自己对这个问题有了更进一步的理解？当我们主动清理"城市牛皮癣"时，不仅整洁了市容，是不是也明亮了自己的视野？……诸如此类，举不胜举。

所以，在平常的日子里，我们不要吝啬自己的善行。给过马路的盲人一点搀扶；为迷路者指点迷津；用心倾听失落者的诉说……这些看似平常的举动，都可以渗透出朴素的爱，折射出人类灵魂深处的光芒，不但照亮了别人，也照亮了我们自己。

管好你自己，小恶不为，小善不弃

美国政治学家威尔逊及犯罪学家凯琳曾提出一个"破窗效应"，它是这样表述的：如果一座房子破了一扇窗，没有人去修补，时隔不久，其他的窗户也会莫名其妙地被人打破；一面墙，如果出现一些涂鸦没有被清洗掉，很快，墙上就布满了乱七八糟、不堪入目的东西；一个很干净的地方，人们不好意思丢垃圾，但是一旦地上有垃圾出现之后，人就会毫不犹豫地抛，丝毫不觉得羞愧。事实就是这样，"千里之堤，溃于蚁穴"，第一扇被打破的玻璃窗若不能及时得到修护，就有可能带来一系列的负面影响；同理，一些小的过错如果不能及时被发觉并加以改正，日久天长它就会演变成大错。

"勿以善小而不为，勿以恶小而为之。"其实我们从小到大都在接受这样的教育，但扪心自问，我们做得够不够好？想必很多人在这时

会低下头。我们总是喜欢为自己开脱,认为犯点小错、做点小恶并没有什么,无伤大雅,但事实上,这种想法大错特错。"时时以为是小恶,作之无害,却不知时时作之,积久亦成大恶。犹水之一小滴,滴下瓶中,久之,瓶亦因此一滴一滴之水而满。故虽小恶,亦不可作之,作之,则有恶满之日。"也就是说,如果我们对小的恶念不能及时自觉且有效地加以修正,那么终将会因为无底的私欲酿成灾难,小则身败名裂,大则性命堪忧。是故,我们应该时常检点自己行为,否则等到出现不良后果再深深痛悔,那是不是有点迟了?因为再怎么说,对于我们的人生而言都是一种负面影响。

我们不妨回忆一下,在我们身边有没有出现过类似事情?——譬如,某个孩子到邻居家去玩,他无意中,注意!只是无意中将人家的一根针沾在衣上,并且将其带回了家。这时,如果是位有修养的家长,一定会问明原委,然后要求孩子将针送回去。但如果是一位责任感不强、极度自私的家长,他可能就会将针留下,因为在他看来这不是什么大事。是的,这点事邻居不会追查,就算被发现也没什么。但结果会怎样?结果是,孩子的一个无意举动在家长的纵容下养成了恶习,他开始经常性地从别人家乱拿东西,因为他是小孩子,又因为拿的东西不值钱,人家可能也不会追究。就这样,孩子长大以后,原本的小偷小摸变成了大偷大窃,结果可想而知,他免不了要受到法律的制裁。

显而易见,这个责任应该归咎于那个自私的家长,孩子毕竟年少无知,辨别是非的能力不足,他们在成长过程中,学习、模仿最多的就是自己的父母。如果说父母能够以身作则、防微杜渐,孩子自然也

篇五　只要你心存美好，这世间便会阳光普照

不会差到哪儿去；如果说父母成了反面教材，时常表现出不好的行为习惯，那么孩子耳濡目染，想好都难！其实，这种事情是很常见的，比如某些家长不孝敬自己的父母，他们的子女在长大以后就可能不会孝顺他们；譬如某些家庭经常打骂吵闹，他们的子女长大以后脾气可能就会非常暴烈，动不动就与人大打出手，乃至身陷囹圄……对于家长而言，他们在做出某些不良举动之时，可能并没有意识到问题的严重性，或许他们就只认为那是小事罢了，但事实上，就是这些所谓的小事，很可能会给他们及其子女日后的生活带来很大的影响，这或许就是我们常说的"善有善报，恶有恶报"吧。

所以我们一再强调："勿以善小而不为，勿以恶小而为之"。事实上，人之善恶不分轻重。一点善是善，只要做了，就能给人以温暖；一点恶是恶，只要做了，也能给人以损害。因此，生活中，我们必须谨言慎行，从一点一滴的小事做起，严格地要求自己，做到能善则善。只有这样，我们才不至于在人生的漫长旅程中因小失大，断送我们本该美好的前途。

多做换位思考，己所不欲，勿施于人

种瓜得瓜，种豆得豆。向别人扔污物的人，总是把自己弄得很脏！"己所不欲，勿施于人"出自《论语·卫灵公第十五》。当时子贡

问孔子："有没有一句话可以用来终身奉行？"孔子告诉他："大概只有'恕'吧！自己所不想要的一切，也就不要强加给别人。"这句话传承了两千年，是儒家文化的精华之处，更是自古以来有道德有修养的人所奉行的格言警句。

"己所不欲，勿施于人"的"恕道"，孔子将其作为奉行一生的座右铭，并将其推荐给了自己的弟子。如今，我们常说"将心比心"，这实际上就是在推行"己所不欲，勿施于人"的"恕道"。是的，自己不想要的东西，何必强加给别人？人应该宽恕别人，这才是仁义的表现。孔子的话揭示了处理人际关系的重要原则，如果我们都能够以对待自己的行为作为参照，来对待他人，就一定会得到别人的尊敬。

然而遗憾的是，世道人心，往往脱离不了私欲的桎梏。我们之中或许就有许多人，总是习惯将自己不想做的事情推给别人，将自己不想要的东西转移到别人手中；反之，自己钟情的事物，就绝不肯与人分享了。这种现象之所以会普遍存在，说到底还是因为人类自私的本性在作祟。

我们应该认识到，"己所不欲，勿施于人"这是做人的一种基本修养。你不想别人怎样对你，那你最好就不要那样对待别人。譬如说，你不想被人利用，那么请不要利用别人；你不喜欢别人对你说谎，那么自己就不要说谎；你不喜欢别人怠慢于你，那么也就不要怠慢别人……有道是"种什么因，收什么果"，你所有的行为，最后又都会回到你自己的身上。因为，你对别人的一切思想及行为，都会经由自我暗示的原则，毫无遗漏地记录在你的潜意识之中，它们会影响你的个性。正所谓"物以类聚，人以群分"，你的个性就相当于一个磁场，它会把同类人带到你的身旁，所以你也难免会有被身边人不公对待的一天。

所以说，"己所不欲，勿施于人"不仅是对别人的一种善待，同时也是在善待我们自己。如果我们都能以推己及人的方式去处理问题，那么就能够创造一种重大局、尚信义、不计前嫌、不报私仇的良好社会氛围。坚持"己所不欲，勿施于人"，就能够减少一些不必要的摩擦与误会，就能够达到人际关系的真正和谐。反求诸己，推己及人，结果往往会皆大欢喜。

中国自古以来便是个崇尚道德的礼仪之邦，在我国历史上，曾出现过很多推己及人的先贤，譬如我们所熟知的"大禹治水"，就是"己所不欲，勿施于人"的典范。

当年，大禹刚刚与涂山氏完婚，正处于蜜月期，按常理说应该好好在家陪伴妻子，但是，大禹心里放不下生活在水深火热之中的百姓，他一想到有人被洪水淹死，心里就像自己的亲人蒙难一样，痛苦万分，于是，他依依不舍地告别妻子，带着治水群众夜以继日地对洪水进行疏导。在整个治水过程中，大禹三过家门而不入，当他消除水患、凯旋之时，他的儿子启已经长成了少年。

到了战国时期，有个叫白圭的人与孟子谈起"大禹治水"一事，他觉得大禹的做法很愚蠢，并夸口道："如果让我治水，肯定要比禹做得好。我只要将河道打通，让洪水流到邻近的国家就可以了，这会省很大的人力、物力！"孟子很不客气地驳斥道："你说的话错了。大禹

治水是把四海当作大水沟，顺着水性疏导，结果水都流进大海，与己有利，与人无害；而你的方法，把邻国当作大水沟，结果洪水都流到别国去，对自己有利，对别人却有害。这种治水的方法，怎么能与大禹的相比呢？何况，你这样做，别人也可以这样做，到时洪水将逆流回来，造成更大的灾难！"

从"大禹治水"和"白圭谈治水"这两件事我们可以看出，白圭这个人虽然有几分能耐，但人品真的有待提高，他心里只想着自己，却不考虑别人，这种"己所不欲，反施于人"的错误思想，最终难免要害人害己。大禹就不一样了，他把洪水引入大海，虽然费时费力，但这样做不但能够消除本国人民的灾害，同时又不会伤害到邻国，这种推己及人的精神及行为才是为人处世的正道。

咱们中国有句俗语："人和万事兴。"但是在现实生活中，人与人之间又常常不可避免地发生矛盾，有时即使是血缘至亲也会怒目相向、拳脚相加。可事实上，这其中有许多矛盾是可以避免的，只要你我对别人多一些理解，多一些宽恕，自己无法接受的事情也不去强迫别人，这样，世界就会和谐很多。毫无疑问，这"推己及人"的道德情怀，就是实现和谐社会的助推器。如果说我们炎黄子孙，不！如果说全世界人民都能时时处处推己及人，那么我们就一定能够看到全球的和谐、共荣。

篇五　只要你心存美好，这世间便会阳光普照

第二章　你给别人的爱，总有一天会回馈给你

我们得到朋友，不是由于从他们那里得到了帮助，而是由于我们给予他们以帮助。多做些好事情，不图报酬，还是可以使我们短暂的生命更丰富和更有价值。

你的善行照亮了别人，同时也照亮了自己

人们需要善良，世界需要善良，你自己也需要善良，因为，善待他人就是善待自己，就像俗话所说的那样——赠人玫瑰，手有余香。

中国有句处世之道的古话叫："与人为善。"是说人不论到什么时候，都要以善心对待别人。与人为善是人际交往中一种高尚的品德，是智者心灵深处的一种沟通，是仁者个人内心世界里一片广阔的视野。它可以为自己创造一个宽松和谐的人际环境，使自己有一个发展个性和创造力的自由天地，并享受到一种施惠于人的快乐，从而有助于个人的身心健康。

与人为善并不是为了得到回报,而是为了让自己活得更快乐。与人为善其实极易做到的,它并不要你刻意去做作,只要有一颗平常的心就行了。

现实生活中,有些人不讨人喜欢,甚至四面楚歌,主要原因不是大家故意和他们过不去,而是他们在与人相处时总是自以为是,对别人随意指责,百般挑剔,人为地造成矛盾。只有处处与人为善,严以责己,宽以待人,才能建立人与人之间和睦相处的基础。在很多时候,你怎么对待别人,别人就会怎么对待你。这就教育我们要待人如待己,在你困难的时候,你的善行会延伸出另一个善行。

相反,倘若你自私自利,从不考虑他人的感受,则只会令自己众叛亲离,没有了人脉的支撑,你的人生之路只会越走越窄。所以,当黑暗来临时,不妨点一盏灯,不为别人,只为自己,为自己的同时也是为了他人。不要吝啬于自己的善行,当你点燃那盏照亮的灯时,受益的不仅是路人,而且还有你自己,任何时候的善行都将使你受益。

漆黑的夜晚,一个远行旅人到了一个荒僻的村落中,漆黑的街道上,村民们你来我往。

旅人走进一条小巷,他看见有一团错黄的灯光从静静的巷道深处照过来。一位村民说:"瞎子过来了。"

瞎子?旅人愣了,他问身旁的一位村民:"那挑着灯笼的人真是瞎子吗?"

他得到的答案是肯定的。

旅人百思不得其解。一个双目失明的盲人,他根本就没有白天和黑夜的概念,他看不到高山流水,也看不到桃红柳绿的大千世界,他

篇五　只要你心存美好，这世间便会阳光普照

甚至不知道灯光是什么样子的，那他挑一盏灯笼岂不可笑吗？

那灯笼渐渐近了，错黄的灯光渐渐从深巷移游到了旅人的鞋上。百思不得其解的旅人问："敢问您真的是一位盲者吗？"

那挑灯笼的盲人告诉他："是的，自从踏进这个世界，我就一直双眼混沌。"

旅人问："既然你什么也看不见，那为何挑一盏灯笼呢？"

盲者说："现在是黑夜啊！我听说在黑夜里没有灯光的映照，那么满世界的人就都和我一样什么也看不见，所以我就点燃了一盏灯笼。"

旅人若有所悟地说："原来您是为了给别人照明。"

但那盲人却说："不，我是为自己！"

"为你自己？"僧人又愣了。

盲人缓缓询问旅人："你是否因为夜色漆黑而被其他行人碰撞过？"

旅人说："是的，就在刚才，我还不留心被两个人碰了一下。"

盲人听了，深沉地说："但我却没有。虽说我是盲人，我什么也看不见，但我挑了这盏灯笼，既为别人照亮了路，也让别人看到了我。这样，他们就不会因为看不见而碰撞我了。"

爱是心中的一盏明灯，照亮的不仅仅是你自己。对于一个盲人而言，黑夜与白昼有何区别？然而，灯笼的光线虽然微弱，却足以让别人黑暗中看到他的存在。他的善行照亮了别人，同时也照亮了自己，这看似有悖常理的行为，才是人生中的大智慧。

可见，无论做人还是做事，与人为善都是一个最基本的出发点。然而可悲的是，在这个急功近利浮躁不堪的时代，有一些人竟然错把善良当作迂腐和犯傻，这些人自以为聪明，其实是身在苦中不知苦。

所谓"苦海无边，回头是岸"，让我们做一个善良的人，这是我们做人的底线。因为好人一生平安，因为善良这种品质正是上天给我们的最珍贵的奖赏。

"君子莫大乎与人为善。"善待他人是人们在寻求成功的过程中应该遵守的一条基本准则。在当今这样一个需要合作的社会中，人与人之间应形成一种互动的关系。只有我们去善待别人、帮助别人，才能处理好人际关系，从而获得与他人的愉快合作。那些慷慨付出、不求回报的人，往往更容易获得成功。

所以，在生命的夜色中，请为别人也为自己点燃那盏生命之灯吧，如此，我们的人生将会更加的平安与灿烂！

与人为善来源于高尚。"人心本善"，"只要人人都献出一点爱，世界将会变成美好的人间"……有了这样的情操，人们的行动才有了指南，人生杠杆才有了支点，理想大厦才有了精神支柱。

学会善待别人

当"给予"一词出现时，获得也就应运而生了。给予与获得是一对双胞胎兄弟，世间的一切有了给予，相应就存在获得，当给予彻底消失时，获得也就不复存在了。

人人都想获得，却往往忽视了这样一个真理——有付出才会有回

篇五　只要你心存美好，这世间便会阳光普照

报！若是将获得比作浩瀚宇宙中一颗璀璨绚丽的明星，那么，给予便是通天之梯，只有爬上这座梯子，才能伸手摘下星星。正所谓"一分耕耘一分收获"，当你真正懂得了给予，获得才会伸展开它看似吝啬的翅膀，向我们飞来。

天空将怀中的乌云化为甘霖，滋润了万物，给予了万物生命之源，才获得了金色的光芒、无边的湛蓝以及绚丽的彩虹。给予是人性中光辉的一面。人只有怀着一颗真挚的爱心面对生活，他才能够感受到生活中的美好和希望，同时也会得到别人的关爱和帮助。那么这样的他能不快乐吗？所以选择了给予就等于选择了快乐。

一个人的人生价值和真实幸福，不能仅仅囿于个人的一管之见、一己之利，而是要关爱别人、帮助别人，要"先天下之忧而忧，后天下之乐而乐"。

只有这样的心志和心态，人生才能抵达一种高尚而神圣的境界，如此才能得到无比的快乐。

帮助他人正是生命的本质。为他人尽力，亦即为自己尽力；一个人在帮助别人时，无形之中就已经投资了感情，别人对于你的帮助会永记在心，只要一有机会，他们也会主动帮助你的。

所以，你会因为帮助了别人而被别人放置在一个温暖的环境中，享受给予之后的快乐。

有个女孩名叫辛迪。她有一个和睦的家，日子过得也不错，但这个家从一开始就缺少了一样东西，只不过辛迪还没有意识到。

辛迪9岁那年，有一天到朋友德比家去玩，留在那儿过夜。睡觉时，德比的妈妈给两个女孩盖上被子，并亲吻了她们，祝她们晚安。

"我爱你。"德比的妈妈说。"我也爱你。"德比说。

辛迪惊奇得睡不着觉,因为在这以前从没人吻过她,也没人对她说爱她。她觉得,自己家也应该像德比家这样才对呀!

第二天辛迪回到家里,爸爸妈妈见到她非常高兴。"你在德比家玩得好吗?"妈妈问道。

辛迪一言不发地跑进了自己的房间。她恨爸爸妈妈:为什么他们从来都不吻她,从来都不拥抱她,从来都不对她说爱她呢?

那天晚上,上床前,辛迪特地走到爸爸妈妈跟前,说了声:"晚安。"妈妈也放下手中的针线活,微笑着说:"晚安,辛迪。"除此之外,他们再没有别的表示了。

辛迪实在受不了!"你们为什么不吻我?"她问道。妈妈不知道如何是好:"嗯,是这样的,"她结结巴巴地说,"因为,因为我小的时候,从没有人吻过我,我还以为事情就该这样的呢。"

辛迪哭着睡去了。好多天,她都在生气。最后,她决定离家出走,住到德比家里。

她收拾好自己的背包,一个字也没留下就走了。可是,当她来到德比家时,却没敢走进去。

她来到公园,在长椅上坐着,想着,直到天黑。突然,她有了一个办法。只要实施这个办法,这个办法一定会起作用的。

她走进家门时,爸爸正在打电话,妈妈冲她喊道:"你到哪里去了?我们都快要急死了!"辛迪没有回答。她走向妈妈,在妈妈的右颊上吻了一下,说:"妈妈,我爱你。"辛迪又给了爸爸一个拥抱:"晚安,爸爸,"她说,"我爱你。"然后,辛迪睡觉去了,将她父母留在厨

篇五　只要你心存美好，这世间便会阳光普照

房里。第二天早晨，辛迪又吻了爸爸和妈妈。在公共汽车站，辛迪踮起脚尖吻着妈妈，说："再见，妈妈。我爱你。"

每天，每个星期，每个月，辛迪都这样做。爸爸妈妈一次也没有回吻过辛迪，但辛迪没有放弃。这是她的计划，她要坚持下去。

有天晚上，辛迪睡觉之前忘了吻妈妈。过了一会儿，辛迪的房门开了，妈妈走进来，假装生气地问："我的吻在哪里？嗯？"

"哦，我忘了。"辛迪坐起来吻妈妈，"晚安，妈妈，我爱你。"

辛迪重新躺到床上，闭上了眼睛，但她的妈妈没有离开，妈妈终于说："我也爱你。"她弯下腰，在辛迪的右颊上吻了一下，说："千万别再忘了我的吻。"

许多年以后，辛迪长大了，有了自己的孩子，她总是将自己的吻印在小宝贝粉红的脸颊上。

每次她回家时，她的妈妈第一句话就会问："我的吻在哪里？嗯？"当她离开家的时候，妈妈总要说："我爱你，你知道的，是吗？"

"是的，妈妈，我知道。"辛迪说。

当我们问出"我的吻在哪里"时，我们也该想想：我的吻给了谁？若要得到，首先自己就应该付出。感情也是一样，想要别人对你好，你首先得善待别人。去爱别人吧，你必将会拥有一个充满爱的世界。

或许，给予是微不足道的，但并非每个人都能做到。对着镜子哭，它亦会对你哭，对着镜子笑，它当然对你笑，你给予生活什么，它就会带给你相应的回报——给予的是爱，获得的便是爱；给予的是恨，获得的亦是狠——世界就是如此公平，你只有给予别人珍贵的东西，才能获得更加珍贵的所有。

赠人玫瑰，手有余香

一位虔诚的牧师得到上帝允许，前去参观天堂与地狱。

天使先将他领入一个房间，对其说道："这里就是地狱。"

牧师放眼看去，只见许多人正围着一口热气腾腾的大锅干坐着，他们面黄肌瘦，口水直流，眼中直放绿光，却始终无法进食。原因就在于，他们每人手里虽有一只汤勺，但勺柄太长，根本无法将食物送进自己口中。

牧师长叹一声，又随天使来到天堂。

牧师惊奇地发现，天堂与地狱的陈设竟然一模一样，同样是一群人围着一口冒着蒸汽的大锅，每人手中同样握有一把勺柄极长的汤匙。所不同的是，这里人全部精神饱满，面色红润，有吃有喝，有说有笑，显得极为快乐。

牧师不解，问天使："为什么相同条件下，这里的人充满快乐，而那边的人却愁眉不展呢？"

天使微笑着说："难道你没有发现，那边的人都只顾着自己，宁愿饿死，也不肯相互合作，而这里的人都懂得喂对方吗？"

天堂与地狱只是一线之隔，心中有他人，你就会置身于天堂之中；放不下自私的情结，你就只能在地狱中沉沦。

篇五　只要你心存美好，这世间便会阳光普照

人的一生，不可能完全封闭，也不能孤立于社会及他人之外，他需要有别人的关爱与帮助，同时他也应该为别人付出自己的爱。遇事还是要多替别人着想，替别人着想也就是为自己着想，我为人人，得到的回报自然是人人为我，不要像蜜蜂一样，刺痛了别人，也害死了自己。

在平时把他人装在心中，心中的灵光会帮助我们突破一切障碍，迎接爱的光芒；道德的觉醒，可以帮助我们在麻木的社会中逆风而行，打开心灵的爱之门。不需要你有多伟大，哪怕只是赠人一支玫瑰这样微不足道的小事，但它带来的温馨都会在赠花人和受花人的心底慢慢升腾、弥漫；它的香味，都会萦绕在赠予者与受予者之间。

在我国西部某省曾发生过这样一件事。

一座煤矿在凌晨突然停电，9名矿工被迫停止作业，他们只能在漆黑的矿井中等待。然而他们等来的不是光明，而是比停电更可怕的泥石流！

泥石流轰隆隆地涌向他们，本能的求生欲望令他们拼命往主巷道跑，慌乱中，一名矿工不小心被矿车夹住，动弹不得，另一名矿工陷入泥坑。其余7名矿工停止了奔跑，不约而同地说："不能再跑了，救人要紧！"他们使劲将两名同伴拽了出来，躲过了死神的第一劫。

在主巷道50多米处，他们又开始了与死神的第二次较量。泥石流滚滚向前，随时都有淹没他们的可能。他们随即齐心协力用煤块、石块和矿车垒起一道厚厚的墙阻挡泥石流，然后再退到主巷道110米处，找到通风巷。

很显然，在这种极度恶劣的处境下，光有氧气是远远不够的，吃喝是他们面临的又一个重大问题，矿井中没有任何食物，他们一起商量生路，同时想到了吃树皮。这样下去不知要等多久，但每个人都很

疲劳,一起出动寻找树皮势必会浪费有限的精力。一个年长的矿工决定将大伙分成三组,按时间轮流到不远处扒柳木矿柱的树皮。光吃树皮没有水,一个年轻的矿工冒着危险在通风巷附近找到了一个可以供他们喝很长时间的水坑,这一喜讯极大地刺激了他们求生的信念。在困境面前,他们并没有只顾及自己,年轻的矿工扒树皮给年长的吃,年长的用矿帽舀来水让年轻的喝。饥饿和黑暗像猛兽一样威胁着他们,他们的身体越来越虚弱。在黑暗中,有人困顿时,年长的就会给他们讲自己一生当中遭受的磨难,一名老矿工说:"我一生当中经历了很多次比这更大的危险,现在我不是都挺过来了吗?人生的路还很长,眼前的危险算得了什么?再坚持坚持,肯定会有人来救我们的。只要有一线希望,我们就绝不能放弃!"长者的鼓励使那些虚弱的矿工信心陡增。他们又开始了新一轮的抗争……

就在他们在黑暗中与死神较劲的同时,外边的营救人员也在争分夺秒,想尽一切办法,动用一切力量营救他们。8天8夜之后,他们得救了,他们创造了生命的奇迹!

如果不是互爱互助,这个故事完全有可能是另一种结局:自私自利、只顾自己的矿工们可能全部遇难,但他们用团队精神赢得了生命的尊严和希望。这里闪现的是一种人性的光芒,没错,那就是爱!爱自己也爱别人。心中有他人,灵魂闪烁的光芒可以穿透尘世中的一切黑暗;心中只有自己,即便你置身于光明之中,灵魂也终将被黑暗所吞噬。

你的精神需求最终会告诉你,当别人因为你而感到幸福时,人生才会更加快乐、更有意义。所以,当你有能力帮助需要帮助的人时,记着"赠人玫瑰,手有余香",请伸出你的手,不要犹豫。

篇五　只要你心存美好，这世间便会阳光普照

愿意与人分享，便会有双倍的幸福

那是一个阳光明媚的午后，在山西一个偏远而清苦的山村，来自大洋彼岸的金发女孩玛丽亚，正在心中慨叹这里的生活实在太穷困了。

忽然，她的目光被一株百年老树下那位白发苍苍的老妇人吸引了。老人衣着简单，微眯着眼睛，一脸慈祥地跟一个小男孩说笑着。玛丽亚好奇地停下脚步，不远不近地站定了。她听到老人给小男孩出了一个字谜："一人本姓王，怀揣两块糖。"那个小男孩显然此前听说过这个字谜，立刻大声回答："是金。"老人满意地咧嘴笑了，从贴胸的衣兜里掏出两块水果糖，一块递给男孩，一块送到自己嘴里，两人甜甜地吮吸着，似乎正享受着无边的幸福。

玛丽亚羡慕地望着眼前这被快乐包围着的一老一少。蓦然，她想起了祖母的那栋带大花园的漂亮别墅，想起常常邀请一帮孩子到家中分享她的糖果和故事的祖母，想起祖母和孩子一样单纯而畅快的笑声。

原来，快乐和幸福，就像阳光一样无所不在。一个人，无论身处怎样的境遇，无论是富庶还是贫穷，只要他怀揣着两块糖，一块慷慨地赠人，一块留下自己慢慢品尝，就自有真实的快乐如泉涌来，自有绵绵的幸福飘逸在生活当中。

就是那两块普通的水果糖和那两张纯朴的笑脸，让玛丽亚做了一

个一生骄傲的选择——留在中国西部,做一名帮贫助困的志愿者,播撒更多的快乐和幸福。

后来,玛丽亚和村里人一起劳动,给村里的孩子上课,还帮着山村招商引资,办起了一个农产品加工厂,让那里的山民的日子一天天富裕起来。村民感激地称她是"幸福天使",她却笑着说自己只是与大家一起分享了兜里的两块糖,她还要感谢大家呢,因为与他们在一起追求、奋斗的那些日子,让她发现自己原来还能够做那么多的事情,让她品味到从前所没有品味到的无比的甜蜜。

多么简单的事情啊,不需要太多的寻寻觅觅,不需要太多的权衡论证,只需怀揣两块糖,慷慨地与人分享,就完全可以拥有快乐的时光,就可以拥有幸福的人生。

倘若你有一个苹果,我也有一个苹果,而我们彼此交换苹果,那么,你和我仍然是各有一个苹果。但是,倘若你有一种思想,我也有一种思想,而我们彼此交换这些思想,那么,我们每人将各有两种思想。分享的幸福正在于,它可以使我们拥有更多的东西,而把自己的东西拿来与别人分享的那一刻,不但能体会到分享的乐趣,更能体验到一种满足感。因为分享幸福,你会得到双倍甚至更多的幸福,所以我们也在享受幸福。让我们静静坐下来,让幸福在我们身上停留。

关心爱护周围的人,多为别人着想的人,心中的幸福感觉最多,因为看到别人的幸福微笑,我们心中自然也会感到幸福快乐。

第三章　宽容是一种成全，成全了别人，也成全了自己

> 对愤怒的人，以愤怒还击，是一件不应该的事。对愤怒的人，不以愤怒还击的人，将可得到两个胜利——知道他人的愤怒，而以正念镇静自己的人，不但能胜于自己，也能胜于他人。

心胸狭隘的人，生活的路也往往走不开

在现代社会，缺少人脉的人不管做什么事都难以成功，而很多人之所以缺少人脉，主要就在于他们心胸狭隘，做事太过斤斤计较，以至于别人不愿与其交往。

小肖刚到公司的时候，对待工作积极认真，勤勤恳恳，同事们有事要他帮忙，他总是乐呵呵地一口答应。在同事们眼里，小肖是个很不错的小伙子。

然而，随着他在公司地位的稳固，他的心态发生了变化。他认为自己为公司做出了很大的贡献，而自己的工资待遇却没有相应地提高，

而且自己经常为同事帮忙，除了得到几句赞美之外，并没有得到什么实际好处，自己实在是太亏了。

带着这样的情绪，小肖变得斤斤计较起来。在生活中，同事找他帮忙，他都要人家意思意思，嘴里还说："总不能让我白忙吧？"久而久之，同事们即使有事需要帮忙，也不找他了，甚至于一提到小肖，都会说："他这个人太斤斤计较了……"渐渐地，小肖感觉到同事们都疏远他了。在工作中，他提不起精神，每天坐在办公室，不是看看报纸就是聊聊天，用他的话说："这有什么关系呢？我干得好干得差，工资都不会少我的。"

时间一长，小肖觉得工作越来越没有意思，自己再也没有想建功立业的追求了，变得越来越颓废。由于小肖的工作表现实在太糟糕了，在公司又没有人缘，不久以后，小肖被公司解雇了。

从无数成功人士的经验中，我们可以看出：要想取得成功，就必须有长远的眼光，不拘泥于小节之中。那些失败者往往都欠缺这一点，他们目光短浅，过于看重眼前利益，凡事都爱斤斤计较，不肯吃亏，给人留下了难缠的印象，无形之中便影响了人脉的发展，导致事业和生活的失败。

就拿小肖来说吧，刚开始同事们对他的印象很不错，觉得他是个不错的小伙子，可是到了后来，同事们的看法出现了根本性的变化，觉得小肖很难缠，因此都自觉地避免和他打交道。为什么会出现这种截然不同的变化呢？原因很简单，就在于小肖在与同事的交往中，过于看重自己的付出，斤斤计较，不放过属于自己的任何小利益，结果却给人留下心胸狭隘、自私自利的印象。

刘洋原本是一名中学教师，他参加了公开选拔考试，以优异的成绩被录用，年纪轻轻就当上了某街道办事处的城管副主任。由于在基层工作的实践经验较少,有些事情常常处理得不太妥当,但是大家都很体谅他,觉得他还是挺有能力的,只要锻炼一阵子就会很称职了。一次,上级要来检查工作,考虑到事关紧急,城管科的同志就没有通过刘洋这位分管领导,就直接向街道主任做了汇报和请示。刘洋得知后,心中很不满意,继而开始怀疑街道里的同志忌妒自己,有排外迹象等等,从此他与同事们的关系就紧张了起来。慢慢地,大家对他的疑神疑鬼也逐渐有了看法。一年试用期满的时候,他终因考察不合格而未被正式任用。

在现代社会中,人际关系越发显得重要,拥有良好人际关系的人往往可以较容易地获得成功,而一个被社会所孤立的人怎么可能有好的人际关系,怎么可能取得成功呢?因此,只有改变心胸狭隘的不良性格,才能建立良好的人脉,才能最终取得成功!

良好的性格特征,是人们进行广泛社交活动的必要条件,心胸狭窄的人在实际生活中,则容易与别人形成隔膜和屏障,在一定程度上阻碍了交朋结友和适应社会。因此,我们在工作生活中应注重自身修养,努力克服不良的性格。

我们的成功,也是我们的竞争对手造成的

对对手的仁慈,就是对自己的残忍。这话听起来很有道理,但事实并非绝对如此,正如一位哲人所说的:"我们的成功,也是我们的竞

争对手造成的。"所以在一定的情况下要用宽容的眼光去对待对手，用宽容来"消灭"他。

拿破仑对面前的任何障碍都狂怒异常，对待任何胆敢抗拒他旨意的人都严厉无情，可当他获胜时这种态度就全然改变了。他对败军极为仁慈，他真诚地怜悯他们。他经常对手下的人说："一个将领在打了败仗那天是多么可怜！"

有两名英军将领从凡尔登战俘营逃出，来到布伦，他们因为身无分文，只好在布伦停留了数日。这时布伦港对各种船只看管甚严，他们简直没有乘船逃脱的希望。

对家乡的热爱和对自由的渴望，促使这两名俘虏想到了一个大胆而冒险的办法，他们用小块木板制成一只小船，准备用这只随时都可能散架的小船横渡英吉利海峡，这实际上是一次冒死的航行。当他们在海岸上看到一艘英国快艇，便迅速推开小船，竭力追赶。但他们离岸没多久，就被法军抓获。

这一消息传遍整个军营，大家都在谈论这两名英国人的非凡勇气。拿破仑获悉后，极感兴趣，命人将这两名英军将领和那只小船一起带到他面前。他对于这么大胆的计划竟用这么简陋的工具去执行感到非常惊异，他问道："你们真的想用这个渡海吗？""是的，陛下。如果您不信，放我们走，您将看到我们是怎么离开的。"

"我放你们走，你们是勇敢而大胆的人。无论在哪里，我见到有勇气的人就钦佩，但是你们不应用性命去冒险。你们已经获释，而且，我们还要把你们送上英国船。你们回到伦敦，要告诉别人我如何敬重勇敢的人，哪怕他们是我的敌人。"

拿破仑赏给这两个英军将领一些金币，放他们回国了。

许多在场的人都被拿破仑的宽宏大量惊呆了。只有拿破仑知道，他的士兵们将从这番话中受到怎样的鼓舞，他的人民将如何赞扬他的宽容无私。他似乎已经听到了士兵们震天的呼声以及巴黎人激动的口号。哲学家卡莱尔说："伟人往往是从对待别人的失败中显示其伟大的。"用豁达宽容的性格去对待你的"敌人"，这样就会表现出你的与众不同之处，也正因为你闪光的人性，使你能得到别人的信任和敌人的佩服，这样你就既赢得了他们的心，也取得了最高层次的胜利。

兵法上说，攻心为上，攻城为下。在与"敌人"的竞争中，能利用自己的大度性格征服对方的心，才是最伟大的胜利，而用大度与宽容擦去恩怨的污浊，让灵魂更加透明，乃是取得胜利的必要条件。

想要消除仇恨，就用善意的心与世界对话

你并非踽踽单行，在这个世界上，虽然人们各自走着自己的生命之路，但是熙熙攘攘的人流中难免会有碰撞。如果冤冤相报，非但抚平不了心中的创伤，而且只能将伤害捆绑在无休止的争吵上。

有位朋友，总是愤世嫉俗，由于在学习、生活、工作中遭遇了许多误解和挫折，渐渐地，他养成了以戒备和仇恨的心态看世界的习惯。

在压抑郁闷的环境中他度日如年，几乎要崩溃，感觉整个世界都在排斥他。

他有一种强烈的发泄欲望。多年来这种念头一直缠绕着他，他想在自己所处的环境发泄，又担心受到更多的伤害，他一直压抑、克制着自己的这种念头，但越是克制越烦恼，他因此寝食不安。

有一天他为了散心，登上了一座景色宜人的大山。他坐在山上，无心欣赏幽雅的风景，想想自己这些年遭遇到的误解、歧视、挫折，他内心的仇恨像开闸的洪水一样，汹涌而出。他大声对着空荡幽深的山谷喊道："我恨你们！我恨你们！我恨你们！"话一出口，山谷里传来同样的回音："我恨你们！我恨你们！我恨你们！"他越听越不是滋味，又提高了喊叫的声音。他骂得越厉害，回音更大更长，扰得他更恼怒。

就在他再次大声叫骂后，从身后传来了"我爱你们！我爱你们！我爱你们！"的声音，他扭头一看，只见不远处一位老人在冲着他喊。

片刻，老人微笑着向他走来，他见老人面善目慈，便一股脑说出了自己所遭遇的一切。

听了他的讲述，老人笑着说："年轻人，我送你四句话。其一，这世界上没有失败，只有暂时没有成功；其二，改变世界之前，需要改变的是你自己；其三，改变从决定开始，决定在行动之前；其四，是决心而不是环境在决定你的命运。你不妨先改变自己的习惯，试着用友善的心态去面对周围的一切，你肯定会有意想不到的快乐。"

他半信半疑，表情很复杂。老人看透了他的心思，接着说："倘若世界是一堵墙壁，那么爱是世界的回音壁。就像刚才，你以什么样的

篇五　只要你心存美好，这世间便会阳光普照

心态说话，它就会以什么样的语气给你回音。爱出者爱返，福往者福来。为人处世许多烦恼都是因为对外界苛求得太多而产生的。你关爱别人，别人也会给你爱；你去帮助别人，别人也会帮助你。世界是互动的，你给世界几分爱，世界就会回你几分爱。爱给人带来的收获远远大于恨带来的暂时的满足。"

听了老人的话，他愉快地下山了。

回去后他以积极、健康、友爱的心态对待身边的一切，他和同事之间的误解消除了，没有人再和他过不去，工作上他比以往好多了，他发现自己比以前快乐多了。

的确，爱是世界的回音壁，想要消除仇恨，给生命增添些友爱，就请用善意的心灵与世界对话。你的声音越发友善，得到的回复将越发美妙，这美妙的回复又会给我们的心灵带来更多的平和与欢乐。

其实善意，对他人而言也是无价之宝，透过善意，我们可以给予需要爱的人温暖。爱与被爱的人，比远离爱的人幸福。我们付出越多的善意，就会得到越多善意的回报，这是永恒的因果关系。

第四章　感恩这个世界，因为是它催生了这么好的你

请记得感恩，因为没有人天生就应该对你好。去回报这个世界，因为是它催生了这么好的你。能够有今天，我们应该感恩，感谢，感动。

世上最富有的，是心里装着别人的人

我们很看重成功，但要把成功和财富的关系摆正：有财富可以被视为一种成功，但真正的成功绝不是相对于财富而言。成功的含义是：优秀。

没有优秀作为条件，成功也只是虚有其表，有些人虽然一时赚得盆满钵满，但取财不走正路，富贵却不仁慈，这样的人谁会认可他的成功？这样的"成功"也必然不能长久。财富，对于一个人的生活确实有所帮助，在一定程度上，它确实有助于成功的发展，但如果人的品质不好，它又很容易被毁掉。所以，衡量一个人是否成功的基本条件应该是：是否是一个善良的人、丰富的人、高贵的人。一个人，只

有具备了善良和高贵的品质,有同情心,有做人的尊严,才能够真正被大家所认可。

我们来看看富勒的故事,他全名是米勒德·福勒。

同许多美国人一样,米勒德·福勒一直在为一个梦想奋斗,那就是从零开始,然后积累大量的财富和资产。到30岁时,米勒德·福勒已经挣到了上百万美元,他雄心勃勃,想成为千万富翁,而且他也有这个本事。

但问题也来了:他工作得很辛苦,常感到胸痛,而且他也疏远了妻子和两个孩子。他的财富在不断增加,他的婚姻和家庭却岌岌可危。

一天在办公室,米勒德·福勒心脏病突发,在这之前他的妻子刚刚宣布打算离开他。他开始意识到自己对财富的追求已经耗费了所有他真正珍惜的东西。他打电话给妻子,要求见一面。当他们见面时,两个人都流下了眼泪。他们决定消除破坏生活的东西——他的生意和财富。他们卖掉了所有的东西,包括公司、房子、游艇,然后把所得捐给了教堂、学校和慈善机构。他的朋友都认为他是疯了,但米勒德·福勒却感觉现在比以往任何一个时候都更加清醒。

接下来,米勒德·福勒和妻子开始投身于一项伟大的事业:为无家可归的人们修建"人类家园"。他们的想法非常单纯:"每个在晚上困乏的人,至少应该有一个简单体面、并且能支付得起的地方用来休息。"

米勒德·福勒曾经的目标是拥有1000万美元的财富,而现在,他的目标是1000万人,甚至要为更多的人建设家园。到目前为之,"人类家园"已在全世界建造了6万多套房子,为超过30万人提供了住房。

一个曾经为财富所困、几乎成为财富奴隶、差点被财富夺走妻子

和健康的人，现在，成了财富的主人。从他放弃物欲转而选择为人类幸福工作的那一刻起，他就进入了世界上最优秀的人的行列。

在当下这个社会中，拥有更多的财富，一直是大多数人的奋斗目标，财富的多寡，也顺理成章地成了衡量一个人才干和价值的尺度。

其实富者无非在某些时候或某些方面抓住了机遇，成为了富人，然而为富不仁、嫌贫爱富就是贫困的另一种表现，这种表现让整个社会都厌恶。以贫富论英雄，是一种狭义的贫富观。中国著名的数学家陈景润算是穷到家了，但是谁又能鄙视陈景润呢？还有历代以来的那些清官、廉官，谁又能说他们无能、他们值得鄙视呢？

因此说，不管是富人还是穷人，都应该摆正自己的位置，每个人都有自己的舞台，只要自己正视这点，我们都将是富有的人。这才是我们对财富所应该持有的态度。

既然活在这个社会中，就要对这个社会尽义务

"我的钱来自社会，也应该用于社会，我已不再需要更多的钱，我赚钱不是只为了自己。为了公司，为了股东，也为了替社会多做些公益事业，把多余的钱分给那些更需要钱的人。"李嘉诚常常这样说。

1993年10月4日北京新华社电讯报道："中国残疾人福利基金会今天公布：香港长江实业集团有限公司董事局主席李嘉诚先生及属下

公司，向中国残疾人福利基金会捐款港币1亿元。"并声称"这是一条迟发了两年的新闻"。

事情是这样的：

1991年8月9日，中国残疾人联合会主席邓朴方在香港与李嘉诚会面。邓朴方对李嘉诚说："我们把捐款作为种子钱，每拿到1元钱，就会带动各方面拿出7倍以上的配套基金，一并投入残疾人最急需的项目……"李嘉诚听后大受感动，内地残疾人的苦难令他动情，基金会使用捐款的效益令他动心，他很想表达对中国残疾人的一个久藏于内心的心愿。

8月16日李嘉诚与邓朴方再次会晤。李嘉诚对邓朴方说："我和两个孩子经过考虑，再捐1亿港元，也作为一个种子，通过各方面的努力，5年内把内地490多万白内障患者全部治疗好。"

生意人的本职就是赚钱，就是"唯利是图"。然而极端的惟利是图，未必就能真正地赚到钱。人既然生活在社会中，就要对这个社会尽义务。如果被社会唾弃，即使钞票堆积如山，又有什么意义呢？获得暴利的人已经不能称为生意人，而应当称为"暴徒"。

经商、上班、做买卖——每一种方法在赚取生活费的同时，也对社会提供了服务。

经营者努力做生意是好事，但是忽视甚至轻视"服务社会"那很可能弄得身败名裂，因此生意人在努力做生意努力赚钱的同时，切记这一点，如果缺乏"服务社会"这个意识，就别做生意。

经营的第一理想应该是贡献社会。以社会大众为企业发展考虑的前提，才是最基本的经营秘诀。

赚钱是企业的使命，商人的目的就是赢利，但担负起贡献社会的责任是经营事业的第一要素。社会何以发展？赚钱赢利与贡献社会的矛盾，是不难解决的，困难的是树立服务、贡献社会的信念，并把它付诸行动。

　　人幼时需父母的抚养、社会的培育，所以应有所回报；企业也应如此。经营企业和经营人生从本质上说是一致的。一个小公司，其存在虽不能裨益社会，但至少不能危害社会，这是它被允许存在的最基本理由。如果公司成长了，拥有数百名或数千名员工，把不危害社会作为存在的唯一理由就不够了。它不但不能危害社会，还应该在某些方面受到社会的喜爱和欢迎，这才是基本的经营方针。公司大到有员工几万人，它的每个举措都可能对社会造成很大的影响，相应的，就应该对社会有所贡献，经营方针也应与此适应。贡献社会不仅应该是经营的理想，也应该是理想的经营方法，是有灵魂的经营方法。原因很简单，企业的存在和发展都要依赖和仰仗社会。

　　现在世界上仍然有很多人生活于贫困线之下，即使三餐一宿也成问题。世界上有善心的人不少，如果拥有财富的人都不以财富作为炫耀的资本，不将财富用作个人享乐挥霍，拨出一些他们并不等用的闲钱从事慈善公益事业，那么，这个世界上贫穷不幸的人就会得到更多慰藉。

篇五　只要你心存美好，这世间便会阳光普照

当你为社会做贡献时，你得到的是莫大的快乐

人类社会发展的历史说明：金钱对任何社会、任何人都是重要的；金钱是有益的，它使人们能够从事许多有意义的活动；个人在创造财富的同时，也在对他人和社会做着贡献。

随着现代社会的不断发展，人们对生活水平的要求不断提高。现实生活中，我们每个人都承认，金钱不是万能的，但没有金钱却又是万万不能的。我们每个人都需要拥有一定的财产：宽敞的房屋、高档的家具、现代化的电器、流行的服装、新款轿车等等，而这些都需要钱去购买。人们的消费是永无止境的，当你拥有了自己朝思暮想的东西之后，你会渴望得到新的、更好的东西。

再没有比腰包鼓鼓更能使人放心的了，或者银行里有存款，或者保险柜里存放着热门股票，无论那些对富人持批评态度的人怎样辩解，金钱的确能增强凭正当手段来赚钱的人的自信心。想想吧，只要钱包里有足够的钞票，你就可以周游世界，买任何想得到的东西。

有人曾这样写道："让所有那些有学问的人说他们所能说的吧，是金钱造就了人。"

这句话的确有一定的道理，因为，在一定程度上崇尚金钱也是一种崇高的、幸福的生活信念。许多不以挣钱为目的的失败者，常常批

评金钱的追求者,说他们自私,然而,不能否认,金钱是世界前进的原动力之一。不要忘记,正是美国巨富洛克菲勒先生捐出了一块地,使之后来成为联合国的所在地。没有巨大的财富,是很难想象能做这样一件流芳百世的大事的。

一些知名的富翁,如著名侨商陈嘉庚、香港船王包玉刚、电影业巨子邵逸夫等人,都曾投入巨资修建学校等公益事业,从帮助缺乏资金的穷人的事业中得到满足。把你辛辛苦苦赚到的钱拱手送人似乎是愚蠢之举,但当你为一项公益事业做贡献时,你得到的是莫大的快乐。

为有益的事业捐款,你永远不会为此懊悔。可以弥补你内心对某些事的负罪感。有人或许会批评这种用金钱换取人生平和的做法,但这种慷慨地给予行为是有益于社会的。

洛克菲勒在认识到自己因拼命赚钱而使身体情况渐差时,他听从了医生和助手的建议,决定捐款给那些需要帮助的人,但在刚开始的时候,人们不愿接受他的捐赠,即使是自视为宽容大度的教会也曾把他捐赠的"脏钱"退回。但诚心终归能打动人,渐渐地人们接受了他的诚意。

然而,找他捐钱的人太多了:无论早晨或夜晚,上班时间还是用餐时刻,都会有人来请他捐钱。有一次,在一大笔捐款之后,一个月内请求捐助的人数竟超过5万人。由于洛克菲勒要求每一笔捐款都必须有效地使用,所以每一次申请均须经仔细调查。面对那么多的求助者,他急得跳脚。

他的助手盖兹提出忠告:"您的财富像雪球般愈滚愈大,您必须赶紧散掉它,否则,它不但会毁了您,也会毁了您的子孙。"

洛克菲勒告诉盖兹:"我非常了解。请求捐助的人实在太多了,但我一定要先弄清楚他们的用途才肯捐钱。我既无时间也无精力去处理此事，请你赶快成立一个办事处，负责调查事宜。我根据你的调查报告再采取行动。"

于是，在1901年，设立了"洛克菲勒医药研究所"；1903年，成立了"教育普及会"；1913年，设立了"洛克菲勒基金会"；1918年，成立了"洛克菲勒夫人纪念基金会"。

他逝世于1937年，享年98岁。他去世时，只剩下一张标准石油公司的股票，因为那是第一号，其他的产业都在生前捐掉，或分赠给继承者了。

钢铁大王安德鲁·卡内基也说："一个人死的时候还极有钱，实在死得极为可耻。"

洛克菲勒将大量聚集的财富以捐赠的形式使之各得其所，为社会创造了更多财富，同时也为自己换回了良好的声誉，并赢得了健康和快乐。可见，金钱的利用价值不仅仅可以为满足自身需要服务，而且还会塑造出崇高的人生。所以，当你有钱时，不要做一个到离开的时候还极有钱的人。

我们每传递一份爱，灵魂就得到一份升华

物质的膨化以及种种社会因素加剧了竞争，导致很多人产生一种幻象：只有成功才能感觉到自己还活着，于是为了成功不择手段。可

是爱呢？是不是把它抛弃了？是不是为了成功就可以朋友间背信弃义？是不是为了成功就可以兄弟间相互倾轧？是不是为了成功就可以不顾一切？难道，这就是我们想要的人生？不！这不是！人类组成社会的初衷是为了相互帮扶，共同生存，是为了将爱融合并传递，而不是要培养敌视与伤害！

然而，我们看到的是，这个社会的爱淡了、情少了，可是冷漠却在不断蔓延，且有愈演愈烈之势，比如"小悦悦事件"、震惊全国的"药家鑫事件"以及层出不穷的"讹诈事件"、"围观事件"……人们对于生命的冷淡，已经到了令人心寒的地步。

诚然，你不去撒播爱也没人能够拿你怎样，但对于灵魂来说，这是一种罪恶。这种罪恶之所以能够大行其道，是因为我们习惯为罪恶找到理由，哪怕是自欺欺人的理由。可是，你还记得水塘之畔那位"最美孕妇"吗？

一个身怀六甲的女人，自己行动尚且不便，却在女童溺水之际义无反顾地跳水救人。这个平日里有些胆小的平凡女人，怎么敢、怎么会做出如今的惊人之举？那是出于她对"爱"的默默坚守。

事后也有人心疼地"责备"最美孕妇彭伟平：你就不担心肚子里的孩子？其实，正因为她是母亲，她更能体会到母亲失去孩子的痛苦，才会在千钧一发之际舍命相救。如果没有对生活一点一滴的热爱，没有每时每刻对善良的坚守，她又怎会做出如此壮美的举动？其实，人之初，性本善，只是我们有太多的人没有像彭伟平一样守住自己的底色。

不过，"爱"其实并未远走，只要你还愿意将它挽留。伸出你温暖的手，当你为别人打开一扇门的同时，上帝也会为你打开一扇窗，让阳光充满你的房间，照亮你的灵魂。

在美国得克萨斯州，一个风雪交加的夜晚，有位名叫马绍尔的年轻人因为汽车抛锚被困在郊外。正当他万分焦急的时候，有一位骑马的男子恰巧经过这里。见此情景，这位男子二话没说便用马帮助马绍尔把汽车拉到了小镇上。事后，马绍尔感激不尽，拿出不菲的报酬对他表示感谢，男子却说："这不需要回报，但我要你给我一个承诺，当别人有困难的时候，你也要尽力帮助他人。"于是，在后来的日子里，马绍尔主动帮助了许许多多的人，并且每次都没有忘记转述那句同样的话。

许多年后的一天，马绍尔被突然暴发的洪水困在了一个孤岛上，一位勇敢的少年冒着被洪水吞噬的危险救了他。当他感谢少年的时候，少年竟然也说出了那句马绍尔曾说过无数次的话："这不需要回报，但我要你给我一个承诺……"马绍尔的胸中顿时涌起了一股暖暖的激流："原来，我穿起的这根关于爱的链条，周转了无数的人，最后经过少年还给了我，我一生做的这些好事，全都是为我自己做的！"

如果你种下一盆花，经过细心呵护，花儿开了，它回报你的不止是美丽的色彩和醉人的香气，更会让你感觉到生命蓬勃的生机。同样，我们每传递一份爱，得到的不止是衷心的祝福与回报，还有灵魂的升华。